DIEU MANIFESTÉ

PAR

LES ŒUVRES DE LA CRÉATION.

IMP. DE A. HENRY, RUE GÎT-LE-COEUR, 8.

DIEU
MANIFESTÉ PAR LES ŒUVRES

DE LA CRÉATION

PAR

Mme EUGÉNIE NIBOYET

Membre de plusieurs sociétés littéraires et philantropiques

Ouvrage que la Société de la Morale Chrétienne a couronné d'un grand prix

TOME TROISIÈME

PARIS,

DIDIER, LIBRAIRE-ÉDITEUR,

QUAI DES AUGUSTINS, 35

—

1842

DIEU

MANIFESTÉ PAR LES OEUVRES DE LA CRÉATION.

QUARANTE-SIXIÈME ENTRETIEN.

L'homme.

— ❧ —

M. NÉRIS ET SES ÉLÈVES.

LE PRÉCEPTEUR. — « Dieu créa l'homme à son image ; il le créa mâle et femelle. » Ce fut là le travail qui suivit le repos du septième jour. Être intelligent au-dessus de toutes les intelligences, l'homme n'attendit rien, tout l'attendait. Dès le commencement il fut placé dans un lieu de délices, aux arbres toujours verts, aux fruits abondants et savoureux. Eden terrestre que sa compagne habitait avec lui, où leur race se fût perpétuée, si la désobéissance n'eût changé leur destinée !

Dieu plaça l'homme en face des merveilles de la création et le doua d'une ame contemplative, capable d'apprécier tous ces biens. Amour, intelligence et force, il reeut tout en partage ; la crainte alors lui était inconnue , il ne se cachait point devant celui qui lui avait révélé la parole et qui se manifestait sans rigueur. Pour redouter sa présence, il fallait une transgression. Seul debout sur ses pieds, portant la tête haute , ayant le regard fier , le geste impérieux , l'homme était fait pour commander, l'espèce animale pour lui obéir. Dieu avait asservi le monde à sa puissance et n'exigeait de lui en retour que de respecter l'arbre de la science. La désobéissance fut le prix de cet ordre. L'homme en lutte avec sa conscience, avec son Dieu , avec lui-même , ne tarda pas à sentir qu'il était mortel. Les besoins de l'ame et les instincts du corps le tourmentèrent , l'un par la force des passions qui se rattachent à la terre; l'autre par la puissance des pensées que la raison élève jusqu'aux cieux.

Georges. — Établit-on des périodes pour les différents âges de la vie humaine?

Le Précepteur. — On en compte quatre, savoir : l'enfance, la jeunesse, l'âge mûr et la vieillesse. L'homme est ovipare; le principe de la vie passe pour lui de l'ovaire dans l'embryon et s'y développe au sein d'un fluide aqueux propre à son existence. L'heure de sa naissance est-elle sonnée, l'enfant passe dans un nouveau fluide, et l'odorat, le larynx, les poumons, reçoivent là les impressions sensibles de l'air. En cet état le sang prend son cours, s'imprègne d'oxygène dans les poumons, et la vie existe pour ce nouvel être dont les transformations successives sont comme autant de merveilles. Tout est frêle dans l'enfant qui vient de naître; cependant l'homme s'y montre en germe, et le volume des organes cérébraux indique la place que doit y tenir la pensée: l'intelligence sommeille; l'instinct, qui en est le premier degré, fait chercher à l'enfant le sein de sa mère. Téter. dormir, rejeter, c'est pendant quarante jours ce qu'on appelle vivre pour un nouveau-né. Ce délai écoulé, la tunique qui voilait ses yeux disparaît, l'œil discerne les objets, les oreilles se débarrassent des mucosités qui interceptaient les sons, le goût se développe, l'odorat devient sensible, et les facultés intellectuelles commencent à se faire pressentir.

Georges. — Combien de mois un enfant doit il téter?

Le Précepteur. — La nature est plus ou moins pressée d'arriver au terme du sevrage, mais elle indique pour cela le moment où le travail de la dentition semble terminé; l'enfant peut alors recevoir une nourriture plus substantielle.

Louise. — La dent pousse-t-elle tout-à-coup ou existe-t-elle pour l'enfant?

Le Précepteur. — Son germe est, dès le premier jour, contenu dans une cavité de la mâchoire que recouvre la gencive. Lorsque la dent se développe, elle rompt l'obstacle qui s'opposait à son passage et se fait jour. C'est ce qu'on appelle la crise de la dentition.

Louise. — Cette crise est-elle douloureuse?

Le Précepteur. — Parfois elle offre du danger, mais le plus souvent elle se termine par quelques souffrances.

Georges. — Comment appelle-t-on les dents de devant?

Le Précepteur. — On les désigne sous le nom d'incisives, parce qu'elles sont propres à inciser, à trancher; elles sont au nombre de huit. Les dents canines, qui suivent les incisives, sont au nombre de quatre.

Louise. — Pourquoi canines?

Le Précepteur. — Parce qu'on leur trouve de l'analogie avec les dents crochues du chien. Les molaires, ou doubles dents, sont placées au fond de la bouche et supportent le plus grand travail de la mastication.

Georges. — L'enfant exige-t-il de grands soins avant et après son sevrage?

Le Précepteur. — La santé de toute sa vie peut en dépendre. En donnant à chaque mammifère le désir et la force d'allaiter ses enfants, la Providence semble surtout avoir imposé cette obligation à la mère, dont la sollicitude doit veiller sur le petit être qui, sans elle, ne peut se mouvoir. Les jeunes quadrupèdes ont besoin de téter leur mère; mais, dès les premiers jours, ils la suivent où l'instinct la conduit pour chercher sa nourriture. Impuissant à se tenir sur ses pieds, impuissant à marcher, impuissant à parler, l'enfant doit tout attendre de sa nourrice, et quand Dieu a permis que le premier mot qui sort de sa bouche fût celui de *maman*, c'est qu'il a voulu, par tous les moyens, consacrer ce titre. Marie, pour donner au monde un sublime exemple, remplit avec religion les soins les plus minutieux de la maternité, et Marie était mère d'un Dieu.

Louise. — La tâche est-elle au-dessus de certaines forces ?

Le Précepteur. — Plus elle est difficile, plus chaque mère doit tenir à la remplir. Dieu n'a rien fait d'impossible, et la jeune femme qui se donne une suppléante, est souvent la victime de sa propre faiblesse. Le premier lait qui, sous le nom de colostrum, purge l'enfant, décharge aussi le sein de la mère d'une matière séreuse qu'il doit rejeter.

La lionne, dans sa tanière, nourrit ses jeunes lionceaux ; l'oiseau porte la becquée à ses oisillons, et l'enfant, appelé à devenir homme, n'aurait pour nourrice qu'une étrangère ! Qu'on se rassure, le cœur des femmes répondra toujours désormais, la science est venue en aide à la mère qui ne pouvait allaiter son enfant. Qu'on cesse le blâme, l'amour maternel fera plus de nourrices que les systèmes n'en ont défait. Quand les lumières sont partout, les préjugés ne résistent nulle part.

— ❋ —

QUARANTE-SEPTIÈME ENTRETIEN.

La jeunesse, l'âge mûr, la vieillesse.

Le Précepteur. — Dès que l'enfant existe, deux êtres distincts croissent et se développent ensemble, l'être moral et l'être matériel. Bientôt arrive le temps des études, et c'est alors qu'il faut craindre de forcer jusqu'à les rompre, les ressorts d'une intelligence qui doit mettre vingt-cinq ans à atteindre à sa virilité. L'esprit comme le corps de l'enfant a besoin d'une mobilité constante; le détourner de ses penchants, abréger ses récréations pour allonger ses études, c'est agir en sens contraire de l'organisation propre à de jeunes êtres, c'est méconnaître le but du Créateur, les besoins de la créature, c'est, en un mot, tenir en serre chaude l'intelligence qui avorte parce qu'on l'a forcée.

Georges. — A quel âge doit-on commencer l'éducation intellectuelle d'un enfant?

Le Précepteur. — Guère avant sept ans.

Louise. — N'est-ce pas à cette époque que tombent les dents de lait ?

Le Précepteur. — Elles disparaissent pour faire place à de plus fortes incisives ; les canines sont également remplacées.

Georges. — Restait-il un second germe ?

Le Précepteur. — Oui ; l'alvéole qui avait contenu le premier en contenait un second, qui chasse et remplace les dents de lait. Plus l'enfant croît, plus il acquiert de force. La vie surabonde en lui, elle se manifeste par le geste, par les mouvements du corps, par le besoin de changer de place, et par une pétulance que trahit la parole ou le regard.

Georges. — Combien compte-t-on de périodes dans la vie humaine ?

Le Précepteur. — Trois, l'une d'accroissement, comprenant l'enfance et la jeunesse ; l'autre de repos, qui est comme le point où les forces restent stationnaires ; enfin, une de décroissement, qui comprend la dernière partie de l'âge mûr et tout le terme de la vieillesse.

Louise. — Quelle est la durée ordinaire de la vie de l'homme?

Le Précepteur. — Elle varie depuis soixante jusqu'à quatre-vingt-dix ans et même davantage.

Georges. — Pour passer de l'adolescence à la virilité, n'éprouve-t-on pas une crise?

Le Précepteur. — La vie n'est qu'une suite de transformations qui s'opèrent de sept en sept ans. Pour l'être moral, il y a les changements qu'amènent l'éducation, la position, les habitudes, le milieu dans lequel il vit. Pour l'être physique, il y a la mue et le développement de la barbe, deux signes qui indiquent le passage de l'adolescence à la jeunesse.

La puberté n'est pas un développement régulier, elle est retardée ou hâtée, selon la force des individus. C'est l'âge des illusions, le printemps de la vie que devance une imagination ardente, une puissante organisation; le sang monte et bouillonne comme la sève; comme elle il circule, et souvent, emporté par une funeste effervescence, il laisse les passions faire le siège d'une place que la raison ne défend plus.

Mais le désordre d'une croissance trop forte peut être arrêté, l'individu peut rentrer dans son état normal en rapport avec le calme ordinaire de la vie. Les passions, ces maladies de l'ame, sont presque toujours déterminées par les maladies du corps; il y a action et réaction entre ces deux parties d'un même tout.

Georges. — Jusqu'à quel âge grandit-on?

Le Précepteur. — La croissance est ordinairement terminée à quinze ans pour les femmes, à vingt ans pour les hommes; le corps grossit peu, tant qu'il s'allonge; mais le premier travail de la nature terminé, les membres s'arrondissent.

Louise. — A quel trait de la physionomie reconnaît-on la haute origine de l'homme?

Le Précepteur. — Par le regard, où se peint l'ame tout entière.

Louise. — A quel moment de la vie fixet-on l'âge mûr?

Le Précepteur. — Il commence à trente-cinq ans, et finit ordinairement à cinquante; mais rien n'est à cet égard bien déterminé: il y a des jeunesses longues et des

vieillesses anticipées; cela dépend de la
force des individus. L'âge mûr est la pé-
riode des travaux sérieux, des entreprises
hardies, fondées sur des calculs que la
raison éclaire. A ce moment de la vie,
l'homme est au milieu de sa course, et
pèse dans une même balance le passé et
l'avenir. Les jours qui se sont écoulés lui
font régler l'emploi de ceux qui lui restent encore; il a fait à ses dépens l'expérience de la vie, et désormais il juge sans
passions. La fièvre des sens est passée, les
débordements de l'âge sont remplacés par
la puissance intellectuelle; la pensée, moins
active, suit une route plus sûre. La vieillesse, au contraire, marque le déclin de la
vie; c'est l'âge où tout se déflore, où les illusions tombent une à une; le centre des
affections se resserre, la vie marche à la
décrépitude; mais pour quiconque a bien
vécu, la tombe n'est-elle pas le chemin du
ciel?

C'est surtout à cet âge où les cheveux
ont blanchi, où les joues sont creuses,
où nos amis s'en vont, qu'il importe de
penser à la chose vraiment nécessaire, au
salut éternel que nous devons mériter pour

prix d'une vie bien remplie ! Mais pourquoi remettre à si tard ce que nous pouvons faire à tout âge? Pourquoi attendre d'avoir vécu pour apprendre à vivre? Pourquoi nous montrer ingrats envers la Providence? La révélation éclaire pour nous les mystères du cercueil ; ne craignons point la mort, elle nous sera un gain si, durant les jours de notre pèlerinage, nous avons eu pour notre Rédempteur l'amour qu'il devait nous inspirer.

— ❧ —

QUARANTE-HUITIÈME ENTRETIEN.

Être physique. — Squelette humain.

LE PRÉCEPTEUR. — Nous avons dit qu'il y avait dans l'homme deux individus distincts unis par une seule volonté : l'être physique et l'être moral; le premier servant de prison à l'autre et le limitant, quand celui-ci ne connaît de bornes que l'infini. La science qui s'occupe des parties distinctes du corps, de l'usage et du jeu de ses différents organes, constitue la physiologie.

La science qui traite de la nature de l'ame constitue la psychologie.

Le corps, c'est l'être temporel ; l'ame, c'est l'être éternel. Avant de nous élever jusqu'aux régions de l'infini, jetons d'abord un regard sur l'ensemble des organes dont l'admirable mécanisme doit encore nous remplir d'admiration pour les vues de la Providence.

L'homme est supporté par deux pieds qui servent de base aux jambes et aux cuisses, colonnes naturelles sur lesquelles vient s'appuyer le tronc ; les bras, placés à l'extrémité du corps, sont d'utiles balanciers auxquels la main s'adapte comme à un manche ; la tête, fixée sur un cou articulé, forme le couronnement de l'édifice.

Georges. — Son nom de chef vient-il de là ?

Le Précepteur. — On peut lui donner deux étymologies, l'une à cause de sa position, l'autre à cause des facultés dont elle est le siège. Les os sont recouverts de chair, et la chair d'épiderme ou peau. Chaque partie du corps a ses articulations propres, se mouvant comme des ressorts admirablement agencés.

GEORGES. — De quelle manière s'opère l'allongement des os ?

LE PRÉCEPTEUR. — Par leur extrémité ; mais la substance qui les produit se renouvelle sans cesse, et Buffon , le grand peintre de la nature , a eu raison de dire que la composition de la matière changeait constamment, quoique sa forme restât la même.

GEORGES. — Quelle substance concourt à la formation des os?

LE PRÉCEPTEUR. — Une matière spongieuse, mêlée de calcaire, qui leur donne la dureté dont ils jouissent.

LOUISE. — Comment s'opère leur accroissement?

LE PRÉCEPTEUR. — Par de petites veines qui circulent dans le tissu osseux et l'alimentent en même temps qu'elles fournissent à son développement. En outre, les os sont extérieurement recouverts d'une membrane fibreuse , le périoste , qui contribue à leur nutrition.

GEORGES. — Qu'est-ce que la moelle?

LE PRÉCEPTEUR. — Une substance grasse qui les entretient continuellement dans un état de fraîcheur.

Georges. — De quoi se compose le tronc du squelette humain ?

Le Précepteur. — D'une charpente formée de la réunion de 260 os environ.

Louise. — Combien avons-nous de côtes ?

Le Précepteur. — Douze de chaque côté, savoir : les sept supérieures appelées véritables côtes, et les cinq inférieures ou fausses côtes.

Les bras tiennnent au corps par un ressort appelé clavicule ; l'omoplate est l'os plat et long qui forme l'épaule.

Georges. — De combien d'os se compose le bras ?

Le Précepteur. — Le radius et l'humérus forment le manche articulé de cette importante partie du squelette.

Louise. — Qu'est-ce que le carpe ?

Le Précepteur. — La partie située entre le bras et la paume de la main ; il se compose de huit os formant deux rangs de quatre pièces chaque. Le tarse, ou cou-de-pied, n'est composé que de sept os. Le tibia est l'os de la jambe ; la rotule recouvre l'articulation du genou.

Georges. — Quelle est la taille ordinaire d'un homme ?

Le Précepteur. — Cinq pieds et quelques pouces. Les bras en croix donnent sa taille exacte, en prenant par l'extrémité de l'un à l'autre médius, ou doigt du milieu. Les cinq doigts de la main sont appelés : pouce, index, médius, annulaire ou doigt de l'anneau, et auriculaire ou petit doigt.

Georges. — Où s'emboite la cuisse?

Le Précepteur. — Dans la hanche.

Georges. — A quelle partie du corps humain a-t-on donné le nom de torse?

Le Précepteur. — Au tronc dépourvu de la tête, des jambes et des bras. C'est dans le tronc que sont contenus les principaux agents des fonctions animales, qui contribuent à l'action vitale. Et d'abord, pour commencer par l'organe supérieur aux autres, examinons soigneusement une tête. Quelle perfection dans son ensemble, quelle prévoyance dans ses détails! L'œil, rayon de la gloire divine, nous charme par sa mobilité, par l'expression qu'il communique à la physionomie.

Louise. — De quelles combinaisons résultent les propriétés de l'œil?

Le Précepteur. — A proprement parler,

cet organe est une chambre noire, ayant plusieurs lentilles superposées les unes aux autres. La cornée, première tunique, est opaque; la pupille, ou prunelle, se dilate selon l'intensité de la lumière.

GEORGES. — Qu'est-ce que la lentille?

LE PRÉCEPTEUR. — Un organe biconcave comme les lentilles télescopiques, dont il a donné l'idée.

L'espace compris entre la lentille et la cornée est rempli d'une humeur aqueuse. Derrière la lentille se trouve l'humeur vitrée, ainsi appelée à cause de sa transparence.

GEORGES. — Quel est l'organe qui reçoit l'impression des objets?

LE PRÉCEPTEUR. — La rétine, sur laquelle ils viennent se peindre et qui en porte l'image au sensorium. L'affaiblissement de la vue est semblable à l'affaiblissement des lunettes; l'art, en ajoutant une lentille à une autre, vient en aide à la nature.

L'œil est fort délicat; mais la Providence l'a pourvu d'une paupière qui le recouvre pendant la nuit.

LOUISE. — A quoi servent les cils?

Le Précepteur. — Ils sont l'ornement des paupières.

Georges. —Comment regardent les yeux?

Le Précepteur. — En face, ce qui leur donne plus de noblesse et d'expression. En les disposant ainsi, Dieu a voulu que l'homme pût apercevoir de loin les objets contre lesquels il s'avance. C'est dans la tête que sont placés les organes les plus délicats de la sensation, tels que l'ouïe, le goût, l'odorat.

Louise. — Quelle est la disposition de l'ouïe?

Le Précepteur. — La boîte osseuse de la tête a, de chaque côté, un petit trou à l'entrée duquel est une sorte de tuyau qui reçoit et porte les sons dans le conduit auditif, aboutissant lui-même au tympan, organe de la sensation.

Deux autres trous, placés au-dessous du front, entre les yeux, constituent les orifices des narines, petits tuyaux aboutissant aux fosses nasales, organes propres à l'odorat.

Georges. —Où se produisent les impressions de l'odorat?

Le Précepteur. — Sur le cerveau.

Louise. — Et celles du goût ?

Le Précepteur. — Sur la langue ou sur le palais, organes particuliers aux saveurs.

Louise. — Y a-t-il un sens en nous qui prédomine sur les autres?

Le Précepteur. — Par l'importance des services qu'ils nous rendent et des beautés qu'ils nous font connaître, la vue et l'ouïe sont de beaucoup supérieurs aux autres sens que nous possédons. Sans la vue, la nature ne serait pour nous qu'une merveille inconnue, et nous ne pourrions faire un pas, si d'autres yeux ne nous guidaient. Sans l'ouïe, la parole nous serait étrangère et le langage deviendrait une véritable pantomime.

Mais ce n'était point assez pour le Créateur que de nous donner tant d'organes propres à varier nos jouissances, il nous a dotés encore d'une chevelure qui garantit notre cerveau des impressions du froid et de celles de la chaleur; à leur tour nos doigts exécutent les mouvements de notre volonté, et nos pieds, placés en avant, offrent au poids naturel du corps une suffisante force de résistance pour que notre marche ne soit ni lourde ni dangereuse.

Louise. — Le front n'ajoute-t-il pas à la noblesse des traits ?

Le Précepteur. — Il est comme le couronnement de la tête et caractérise la physionomie presque autant que le regard, par le plissement que certains états de l'ame lui impriment. La joie, la douleur, s'y peignent en caractères frappants : la physionomie est un miroir qui reçoit toutes les impressions ! Et qu'il est simple, mon Dieu, ce mécanisme si artistement combiné ! Parler, agir, s'asseoir, se coucher, se lever, courir, chanter, danser, tout cela l'homme seul peut le faire ; et cependant, combien encore la Providence s'est montrée plus généreuse à son égard en le douant de facultés intellectuelles ! Nous n'avons encore parlé que du squelette humain ; quel plus vaste champ s'offrira à nos regards lorsque nous entrerons dans le domaine de l'être moral.

La grâce divine s'est montrée, la souveraine bonté s'est manifestée, inclinons nos fronts, joignons les mains, fléchissons les genoux, et, dans l'attitude de la prière, soumettons au Créateur les organes qu'il nous a soumis, car « celui qui cherche » quelque autre chose que Dieu et le salut » de son ame, ne trouvera que de l'affliction » et de la douleur. » (*Imitation de J.-C.*, chap. XXVII.)

— ❧ —

QUARANTE-NEUVIÈME ENTRETIEN.

Organes internes.

LE PRÉCEPTEUR. — La charpente osseuse, pour être mise en mouvement, a besoin du jeu des muscles; par eux, le pied et la main deviennent sensibles et agissent, l'un suivant les besoins de la locomotion, l'autre selon les besoins de la préhension.

GEORGES. — Le bras et la main ne sont-ils pas chargés de reproduire par le geste les différents états de l'ame ?

LE PRÉCEPTEUR. — Ils accompagnent les inflexions de la voix et expriment la prière, le commandement, l'admiration, le mépris, etc., etc. Tout le corps a des pauses en harmonie avec le langage. L'acteur tire une partie de ses avantages des rapports qu'il sait établir entre le geste et la voix.

Georges. — Dans quelles dispositions sont nos organes intérieurs ?

Le Précepteur. — La tête, dans laquelle est placé le cerveau, est pour nous la cause et le moyen de différentes impressions de l'ame.

Louise. — Quel développement peut acquérir la boîte osseuse de cet organe ?

Le Précepteur. — De dix-huit à vingt pouces de diamètre. Huit os servent à renfermer le cerveau.

Louise — Quels sont les principaux ?

Le Précepteur. — L'occipito-basilaire, placé à la base de la tête ou à l'occiput. On compte ensuite deux temporaux, ou os des tempes ; deux pariétaux, qui recouvrent presque tout le cerveau ; un frontal, d'où le front tire son nom ; enfin l'ethmoïde et le sphénoïde.

Georges. — Combien d'os présente la face ?

Le Précepteur. — Quatorze, qui sont : les deux maxillaires, ou os des mâchoires, réunis chacun à un os jugal par l'arcade zygomatique ; deux palatins, ou os du palais ; deux naseaux, deux tubes *idem*; un vomer qui sépare les narines, deux lacrymaux, ou os des yeux, et l'os de la mâchoire inférieure.

Georges. — De quoi se compose le cerveau ?

Le Précepteur.—D'une substance molle, entièrement recouverte par deux membranes transparentes.

Louise. — Quel est l'usage de ces deux membranes?

Le Précepteur. — L'une, la dure-mère, est adhérente au crâne ; l'autre, la pie-mère, enveloppe le cerveau lui-même.

Georges. — Par quel canal les aliments passent-ils de la bouche dans l'estomac ?

Le Précepteur. — Par l'œsophage. Un second canal, la trachée-artère, conduit l'air dans les poumons, et rejette celui qu'ils lui rendent. Incessamment plongés comme nous le sommes dans une atmosphère gazeuse, appropriée à notre nature, nous n'avons qu'à laisser agir nos poumons pour que le phénomène de la respiration s'opère sans efforts.

Louise. — De quelle substance les poumons sont-ils composés ?

Le Précepteur. — D'une matière spongieuse, disposée en cellules membraneuses sur les parois desquelles sont distribués de petits vaisseaux artériels , véritables véhicules du sang. D'autres vaisseaux se font voir à travers ceux-ci, et distribuent dans toute l'économie animale le sang , la lymphe et le chyle.

Georges. — Comment se forme le sang ?

Le Précepteur. — Il est produit par une opération chimique résultant des phénomènes de la respiration et de la digestion.

Louise. — A quel foyer le sang se forme-t-il ?

Le Précepteur. — Tout le travail qu'il occasionne part du cœur et y aboutit. De l'aorte, ou grande artère de cet organe central, se forment plusieurs vaisseaux tendant aux deux côtés opposés pour y distribuer la chaleur et la vie. Dans ce parcours d'organes divers, le sang se refroidit et s'altère, se fonce en couleur et ne serait bientôt plus propre à la respiration, si Dieu , dont le nom est *Providence*, parce qu'il pourvoit à tout, ne le ramenait sans cesse à la source d'où il est parti.

Louise. — Le pouls résulte-t-il de la circulation du sang ?

Le Précepteur. — Le ventricule du

cœur, en se contractant, pousse avec force le sang jusqu'aux vaisseaux les plus extrêmes, et produit par chaque contraction, par chaque jet, le mouvement du pouls, dont l'activité ou la lenteur fait connaître l'état de santé d'un sujet.

Georges. — Qu'appelle-t-on vaisseaux capillaires?

Le Précepteur. — De petites fibres ténues qui aboutissent aux artères; on les divise en vaisseaux pulmonaires ou formés du poumon, et en vaisseaux du cœur; ces derniers constituent le système capillaire général. Au moyen de ces radicules, les veines et les artères sont mises en communication.

Georges. — Par quels phénomènes physiques le sang est-il décomposé?

Le Précepteur. — A chaque aspiration, les poumons se dilatent et reçoivent l'air atmosphérique qui entre en décomposition dans les cellules; une partie d'oxygène qu'ils déposent passe dans les vaisseaux sanguins. L'hydrogène et le carbone sont aussi rejetés, et, tandis que le sang retourne au cœur, les substances gazeuses s'échappent par la bouche.

Georges. — A quoi le sang doit-il sa coloration ?

Le Précepteur. — Au dégagement des gaz carbonique et hydrogéné.

Louise. — Ainsi, le sang va et revient sans cesse sur lui-même.

Le Précepteur. — En sortant du cœur, les artères le distribuent dans les vaisseaux, d'où les veines le ramènent à son point de départ.

Georges. — Par quel agent les poumons sont-ils élevés et abaissés ?

Le Précepteur. — Par le diaphragme, muscle large et mince qui sépare la poitrine du bas-ventre. L'action incessante qu'il exerce dilate les poumons, étend la plèvre et produit l'effet d'un soufflet. L'air alors se renouvelle par la bouche, par les narines, agit sur le sang, qui agit sur lui, et contribue au phénomène de la vitalité.

Louise. — Comment, en passant dans l'estomac, les aliments ne se trompent-ils pas de tube ?

Le Précepteur. — La Providence s'est surtout montrée ingénieuse dans cette partie de notre être : ainsi, la trachée se resserre à mesure que l'œsophage s'ouvre.

GEORGES. — Le mouvement par lequel l'air atmosphérique entre et sort des poumons ne constitue-t-il pas le phénomène de la respiration ?

LE PRÉCEPTEUR. — La respiration comprend deux effets contraires : aspirer et expirer. L'aspiration est l'acte par lequel on attire l'air extérieur dans les poumons ; l'expiration, l'acte par lequel on l'expulse.

LOUISE. — Chacun des gaz qui entrent dans la composition de l'air vital est-il respirable seul ?

LE PRÉCEPTEUR.— Non. L'azote suffoque, l'oxygène brûle, l'acide carbonique asphyxie.

LOUISE. — Quel nom a la partie supérieure de la trachée-artère ?

LE PRÉCEPTEUR. — On la désigne sous celui de larynx ; la partie inférieure forme les bronches, organes doubles qui portent et reçoivent l'air des poumons.

GEORGES. — La chaleur du sang est-elle le résultat de l'air respirable ?

LE PRÉCEPTEUR.— Les combinaisons chimiques du fluide vital avec le carbone, donnent au sang artériel deux degrés de plus en chaleur qu'au sang veineux ; on doit donc attribuer à l'action constante de ces deux gaz la chaleur intérieure du corps, portée de 32 à 38 degrés.

Georges. — Qu'est-ce que le chyle ?

Le Précepteur. — Un suc blanc qui se forme de la partie la plus subtile des aliments digérés.

Louise. — Et la lymphe ?

Le Précepteur. — Une humeur aqueuse, chargée d'une portion gélatineuse qui se répand dans tout le corps par de petits conduits.

Georges. — Le sang perd donc en couleur dans son parcours ?

Le Précepteur. — En se dépouillant de parties nutritives il devient noirâtre, de rouge qu'il était. C'est à ce moment que les veines le reprennent pour le reconduire dans le cœur par l'oreillette droite ; dans ce retour sur lui-même il s'unit au chyle.

De l'oreillette droite, le sang passe dans le ventricule droit, qui, par un effet de contraction, le porte à l'artère pulmonaire.

Georges. — Subit-il encore quelque modification ?

Le Précepteur. — Il est répandu de là

dans les poumons, et mis en contact avec l'air extérieur, dont il absorbe l'oxygène; en cet état il devient sang artériel, de sang veineux qu'il était.

Louise. — Qu'arrive-t-il alors?

Le Précepteur. — Rendu à sa plus parfaite pureté, les veines le reportent à l'oreillette gauche, qui le livre de nouveau à l'aorte, et toujours ainsi jusqu'au terme de la vie humaine.

Georges. — Les poumons se divisent-ils en plusieurs parties?

Le Précepteur. —En deux seules, aboutissant à un tuyau appelé bronche, qui communique à la trachée-artère. Et jusqu'ici l'organisme animal n'est-il pas ce que nous avons vu de plus admirablement digne de la main d'un Dieu qui, après avoir coordonné la cosmogonie céleste, est entré dans les plus simples détails de la vie individuelle? L'humanité pour lui a été un homme-type, d'après lequel d'autres hommes sont nés. Dans son immense conception, il a créé les animaux, chacun selon son espèce, et tous se sont multipliés. Qu'importent les lieux, qu'importent les temps? Pour lui le Midi valait le Nord, les hommes noirs valaient les hommes blancs; il n'a point mis entre eux de différence, et comme il est leur père, il a voulu qu'ils fussent tous ses enfants : frères en Adam, rachetés en Christ, héritiers de la Jérusalem céleste, que de titres pour se donner aide et secours !

Ame d'origine divine, réjouis-toi, si tu aimes la loi, si tu respectes la loi ! Fais éclater tes chants de triomphe ! Le Sauveur du monde, en revêtant une forme mortelle, t'a donné le signe de la nouvelle alliance. Que te peut la mort, que te peut le sépulcre ? Ton Dieu est ressuscité, tu ressusciteras aussi ! Corps mortel, tu renaîtras corps spirituel ; et l'ame, loin d'être bornée à une étroite prison, vivra au sein de Dieu dans une sphère invisible aux yeux de ceux qui ne savent point voir.

CINQUANTIÈME ENTRETIEN.

Homme physique. — Organes de la digestion. — Différences entre les races.

Le Précepteur. — Si la chaleur du cœur, si la circulation du sang sont des phénomènes étranges, la disposition de l'estomac et les diverses fonctions qu'il remplit n'offrent pas moins d'intérêt. Chez l'homme, les organes digestifs ont beaucoup de rapports avec ceux des mammifères. Examinons-les dans les parties qui nous sont inconnues.

Georges.—Le travail digestif est-il compliqué ?

Le Précepteur.—Il commence aux parties les plus supérieures et finit aux plus inférieures du corps. La bouche contient les aliments, les dents les triturent, la salive les dissout, la langue les chasse, l'œsophage les reçoit, l'estomac les digère.

Georges. — A quoi ressemble l'estomac ?

Le Précepteur. — A une poche membraneuse produisant une liqueur âcre qui réduit en pâte les aliments. L'entrée de l'estomac est appelée cardia, la sortie reçoit le nom de pylore ; le foie occupe le côté droit, la rate le côté gauche de cet organe.

Louise. — La capacité de l'estomac est-elle la même pour tous les individus ?

Le Précepteur.—Elle varie selon l'âge, le sexe et les proportions du corps. Le tube digestif forme ce qu'on appelle les intestins et occupe l'abdomen en se repliant plusieurs fois sur lui-même.

GEORGES.—Les intestins ont-ils plusieurs dénominations ?

LE PRÉCEPTEUR.—L'un constitue ce qu'on appelle le gros intestin, les autres les intestins grèles, dont l'étendue est cinq ou six fois celle du tronc; on les désigne tantôt sous le nom de duodénum, jéjunum et iléon.

LOUISE. — Quelles sont les fonctions du foie?

LE PRÉCEPTEUR. — Il sécrète la bile. Le pancréas, au contraire, rend une humeur semblable à la salive, qui facilite la digestion.

GEORGES. — Le gros intestin a-t-il plusieurs noms?

LE PRÉCEPTEUR. — Il est tour à tour appelé cœcum, colon ou rectum. L'intestin grèle duodénum forme trois contours : il est tapissé de plusieurs glandes. La pâte chymeuse est pétrie dans l'estomac et circule dans les intestins, qui la rejettent à leur tour.

GEORGES. — Qu'appelle-t-on membrane muqueuse ?

LE PRÉCEPTEUR. — Une peau intérieure d'intestin, qui contribue à ramollir les matières digérées.

LOUISE. — Les aliments ne sont-ils pas de deux natures ?

LE PRÉCEPTEUR. — Les uns peuvent servir à la nutrition et s'allient à notre substance ; les autres ne sont propres qu'à être expulsés.

Les intestins sont soumis à une sorte de balancement qui aide au passage des matières et les fait descendre de la partie supérieure à la partie inférieure de l'abdomen.

GEORGES. — Qu'appelle-t-on sécrétion?

LE PRÉCEPTEUR. — La filtration et séparation des humeurs en général. La sécrétion du lait se fait dans les mamelles, celle du chyle dans les intestins grêles, celle de l'urine dans les reins, celle de la bile dans le foie, celle de la salive ou suc pancréatique dans le pancréas, enfin le suc gastrique passe à son tour dans les glandes de l'estomac.

LOUISE. — Quelles sont les fonctions des glandes.

Le Précepteur — Spongieuses de leur nature, elles servent à filtrer certaines liqueurs ou humeurs du corps. Les glandes salivaires sont celles qui rendent la salive. On distingue trois sortes d'appareils sécréteurs, savoir : les glandes, les follicules et les organes exhalants. Ces derniers forment une membrane mince, qui livre passage aux humeurs surabondantes réunies dans leur tissu. Les follicules sont des organes sécréteurs, situés dans l'épaisseur de la peau et relevés en forme d'ampoules.

Georges. — Qu'entend-on par fonctions de relation?

Le Précepteur. — Celles par lesquelles nous sommes mis en rapport avec les objets extérieurs; leurs principaux agents sont les muscles et les nerfs. On peut dire de ces fonctions qu'elles lient, par l'action des nerfs, deux individus dissemblables, l'homme matériel et l'homme intellectuel.

Georges. — Où les nerfs exercent-ils leur principale puissance?

Le Précepteur. — Sur le cerveau, organe de la sensation.

Georges. — D'où proviennent les différentes conformations cérébrales?

Le Précepteur. — De certaines conditions du sol, de la température, du froid
ou de la chaleur.

Louise. — Y a-t-il des dispositions plus
ou moins favorables au développement intellectuel?

Le Précepteur. — La population entière du globe se rapporte à trois types
principaux, d'où les diverses races d'hommes sont sorties, savoir : les types euro-
péen, mongol et nègre. Plus un pays est
situé sous un ciel brûlant, plus ses habitants ont le front déprimé et l'angle facial
aigu; comme les nègres, par exemple. Un
climat tempéré, une nature riche et féconde, donnent aux organes cérébraux
une disposition plus favorable au développement des facultés de l'ame. Les sens
exercent plus d'empire en Orient qu'en Occident, et tel qui, dans le Midi, a de l'imagination, dans le Nord aura une raison plus
fortement organisée. Ces différences de race
à race se remarquent de peuple à peuple,
de pays à pays, de ville à ville, et souvent de
famille à famille.

GEORGES. — Les types primitifs n'ont-ils pas dégénéré?

LE PRÉCEPTEUR. — Des rapports sociaux est résulté le croisement des races et la présence de nouveaux types incessamment modifiés. Dieu ne créa d'abord qu'un seul couple, qui ne forma qu'une famille, dont tous les membres s'allièrent, jusqu'au moment où le nombre en devint tel, qu'il fallut à chacun une tribu à part et des intérêts divisés : l'égoïsme naquit du droit de propriété.

Cent ans après le déluge de Noé, la confusion des langues établit la division des peuples ; ce fut la rupture de cette ancienne paix qui unissait entre eux les patriarches.

GEORGES. — N'est-il pas possible d'améliorer une race?

LE PRÉCEPTEUR. — Les extrêmes se touchent, et de leur réunion résulte le plus souvent une création parfaite. Nous sommes tous partis d'un même point, mais la route a été différente. La Providence nous avait donné la terre à parcourir, il fallait la peupler sous toutes ses latitudes. Une température basse ou élevée, un ciel gris ou bleu, un sol plus ou moins sec, ont dû, nécessairement, exercer sur la race humaine la même influence que sur les animaux. L'enfant ne tient pas seulement de sa mère, il subit les influences de température, alors que ses organes sont faibles et susceptibles d'être modifiés. Chaque pays, chaque sol a son type général et son échelle des intelligences, composée de degrés infinis. De même qu'il y a de grands et de petits lions, il y a de grands et de petits hommes, de faibles et de fortes intelligences au point où les prend l'éducation. Cette gamme des facultés humaines produit l'harmonie générale sur laquelle repose le principe de la paix universelle. Au physique comme au moral, les hommes diffèrent par les nuances les plus délicates : l'un porte trois quintaux, l'autre n'en porterait pas un. Celui-ci remplit un immense espace des accents de sa voix, celui-là peut tout au plus se faire entendre. Et tandis que le poète donne à la pensée sa plus haute expression, combien peuvent à peine s'approprier le plus simple jargon du langage ? Dieu cependant a confié l'humanité au même moule ; mais à chacun il n'a donné que ce qu'il pouvait porter; la nature et l'éducation ont élevé tout ce qu'elles devaient élever.

Providence éternelle et sage, l'homme verra-t-il s'harmoniser ainsi toutes choses, sans reconnaître une invisible main travaillant incessamment pour lui? Et nous, sous les yeux de qui tout se déroule, ne rendrons-nous pas témoignage en faveur du Créateur? Être trois fois saint, célébrons-le avec le soleil qu'il guide, avec la mer qu'il a limitée, avec les vents qui poussent les nuages, avec la nature entière, cette universelle harmonie! Que l'insensé dise donc en son cœur : « Il n'y a point de Dieu. » Pour nous qui le contemplons dans ses œuvres, « Notre avantage est de demeurer at- » tachés à lui et de mettre notre espérance » dans celui qui est le Seigneur Dieu. » (*Psaumes*, ch. LXXII.)

CINQUANTE-UNIÈME ENTRETIEN.

Des sensations et du mouvement.

LE PRÉCEPTEUR. — La vie humaine a trois modes de manifestation, la locomotion, la sensation et la pensée. Arrêtons-nous d'abord aux deux parties qui semblent se lier intimement par le rapport des muscles et des nerfs.

Georges. — Quel rôle jouent les muscles dans l'économie animale?

Le Précepteur. — Ils sont les agents spéciaux de la locomotion, à laquelle les nerfs servent d'auxiliaires directs. Ici l'homme se devient à lui-même un mystère, la Providence lui fait éprouver des effets dont il ignore les causes, et le système nerveux, qui, sous un rapport, tient si fort à la matière, sous un autre est l'agent des impressions communiquées à l'ame par les sens.

Louise. — Comment se produit la sensation?

Le Précepteur. — On ne saurait l'expliquer entièrement sans dépasser les bornes assignées à l'intelligence humaine. Les organes de la locomotion nous sont pour ainsi dire subordonnés, il dépend de notre volonté de mettre en mouvement nos jambes et nos bras, nous n'avons qu'à fixer un but pour l'atteindre; la matière obéit d'une manière passive, dès que la volonté se manifeste. La sensation, au contraire, est indépendante de notre volonté, et si parfois nous pouvons la provoquer, il ne nous est pas permis d'en mesurer l'étendue.

GEORGES. — Par quels fils invisibles le cerveau reçoit-il la sensation ?

LE PRÉCEPTEUR. — Par les nerfs qui viennent y aboutir, et qui ébranlent plus ou moins tout l'organisme. Les sens extérieurs ont leur siège dans le cerveau, et reconnaissons bien que c'est par eux que l'impression s'y produit : La vue, l'odorat, le goût, le toucher, l'ouïe, voilà les agents des plus hautes facultés de notre être. L'homme, à l'état sauvage, a les perceptions des sens plus développées ; à l'état de civilisation, il domine par les facultés de son intelligence.

LOUISE. — Les nerfs sont-ils plus ou moins délicats ?

LE PRÉCEPTEUR. — Il y a des individus qui n'éprouvent que les sensations de la brute ; d'autres, au contraire, goûtent les plus douces impressions, soit par les effets de la musique, de la poésie, ou par d'autres jouissances résultant du sens des yeux.

Georges. — Les nerfs agissent-ils sur l'ame?

Le Précepteur. — Ils l'ébranlent, la remuent, la mettent en contact avec les objets extérieurs, et sont pour elle ce que l'archet est pour le violon.

Louise. — Quelle est la nature du cerveau?

Le Précepteur. — Il se compose d'une substance molle, appelée cervelle, et d'une seconde substance qui lui sert d'écorce. Cette dernière est formée d'un nombre considérable de vaisseaux sanguins, sortes de fils ou d'artérioles, qui se ramifient à l'infini et se transforment en vaisseaux blancs, dont la substance médullaire ou cervelle est formée. De la réunion de ces fibrilles naissent en quelque sorte les nerfs, qui ne sont que la substance médullaire prolongée. Le cerveau est divisé en deux parties égales.

Georges. — Qu'appelle-t-on le crâne proprement dit?

Le Précepteur. — La boîte osseuse qui recouvre la tête.

Louise. — Une partie du cerveau ne prend-elle pas le nom de cervelet?

Le Précepteur.—Oui ; mais elle se lie au cerveau par une protubérance osseuse. Indépendamment de ces deux organes, il en existe un troisième appelé moelle épinière, qui n'est que la continuation de la substance du cerveau, se prolongeant dans la cavité de toutes les vertèbres, depuis le cervelet jusqu'à l'os sacrum.

Georges. — La moelle épinière produit-elle quelque organe particulier?

Le Précepteur. — Par des renflements symétriques, elle donne naissance à un grand nombre de nerfs, disposés par paires et formant comme les racines du corps humain : ces nerfs vont se perdre dans les muscles.

En se rappelant les propriétés de la substance cérébrale, on reconnaît combien ont été grands les soins de la Providence quand elle a donné pour siège aux organes de la sensation une boite osseuse propre à les garantir des dangers auxquels les a exposés leur fragilité.

Tant de soins, une si parfaite harmonie ne sont pas le résultat du hasard ; il faut y découvrir une pensée ordonnatrice émanant de l'intelligence suprême, seule capable de coordonner parfaitement une œuvre et de la conduire à sa fin. Est-il un ressort humain qui dure un quart de siècle sans se déranger, sans se rompre? et notre mécanique la plus parfaite peut-elle être comparée au simple mouvement d'une main, exécutant un nombre infini d'évolutions? Mais qu'est-ce que la main, comparée au cerveau, d'où procèdent tant de merveilles?

Georges. — Si la tête est à l'abri des atteintes extérieures, par quoi la moelle épinière est-elle à son tour préservée?

Le Précepteur. — Par la colonne vertébrale, formée d'un nombre d'os s'emboîtant les uns dans les autres, et qui donnent au corps la faculté qu'il a de fléchir en tous sens. Indépendamment de l'épaisseur de ces vertèbres, si bien juxta-posées les unes aux autres, la colonne qu'elles composent est encore recouverte par plusieurs couches de muscles propres à garantir cette partie de la machine humaine.

Louise. — Les nerfs ont-ils une couleur particulière?

Le Précepteur. — Ils sont comme des cordons blanchâtres de différentes grosseurs, formés au sein de la substance médullaire.

Louise.— Du cerveau, où se distribuent-ils ?

Le Précepteur. — Dans toute l'économie animale, d'où ils reportent la sensation à l'encéphale.

Georges. — Y a t-il des nerfs qui aient des fonctions propres ?

Le Précepteur.—Le plus grand nombre; et, dans ce cas, on leur donne le nom de l'organe sur lequel ils agissent directement. Chacune de nos facultés a ses agents spéciaux, qui puisent la vie au centre commun pour la porter partout où elle devient nécessaire.

Louise. — Quels sont les principaux nerfs soumis à de certains organes ?

Le Précepteur. — Le nerf optique, propre à la vision ; les nerfs dentaires, sympathiques aux dents ; le nerf auditif, particulier à l'ouïe, et beaucoup d'autres encore. Les nerfs qui, de la moelle épinière. se portent à la peau, sont appelés moteurs, parce qu'ils perçoivent et transmettent les impressions du tact ; d'autres, sous le même nom, transmettent le mouvement aux muscles, et les soumettent aux volontés de l'ame, prisonnière habituée à donner des ordres à son geôlier.

GEORGES. — A leur tour, les muscles ont-ils un aspect particulier ?

LE PRÉCEPTEUR. — Ils sont de couleur rougeâtre et se composent de filaments déliés connus sous le nom de fibres.

LOUISE. — Les fibres sont-elles susceptibles de quelque sensation ?

LE PRÉCEPTEUR. — Elles se contractent ou se relâchent et constituent la chair.

GEORGES. — N'y a-t-il pas des muscles appelés congénères, et d'autres appelés antagonistes?

LE PRÉCEPTEUR. — Les premiers sont ainsi nommés parce qu'ils concourent aux mêmes fonctions, tandis que les autres agissent séparément.

Nous n'avons encore envisagé l'ame que dans ses rapports avec la matière ; nous voici désormais placés sur son terrain, il ne nous reste plus qu'à parcourir ses domaines, et si, en nous rapprochant d'elle, nous ne nous rapprochons pas de Dieu, c'est que les harmonies de la nature nous auront

3*

trouvés froids, c'est que nous n'aurons ni cœur ni sympathies pour les chefs-d'œuvre de la création ; et alors, quelle lumière nous guidera, sur quels fondements établirons-nous nos espérances ?

Heureusement, mon ame, je crois à ta divine essence, et pour ne pas perdre le prix de ton immortalité, je m'efforcerai de me conduire selon la justice, en vue du maître à qui je dois tant de biens ! La terre nourrit des incrédules ; qu'ils sondent leur cœur ! Le soleil éclaire des hypocrites; qu'ils reviennent à la vérité ! Dieu est juste parmi les justes, puissant parmi les puissants, que pas un ne le méconnaisse !

« Que le Seigneur se lève et que ses en-
» nemis soient dissipés, et que ceux qui le
» haïssent fuient devant sa face.

» Comme la fumée disparaît, qu'ils dis-
» paraissent ! Mais que les justes soient
» comme dans un festin ; qu'ils se réjouis-
» sent en la présence de Dieu, et qu'ils
» soient dans des rapports de joie !

» Chantez les louanges de Dieu, faites re-
» tentir des cantiques à la gloire de son
» nom ; soyez dans de saints transports de
» joie en sa présence ; ses ennemis seront

» remplis de trouble à la vue de son visage.

» Il est le père des orphelins et le juge
» des veuves.

» Dieu est présent dans son lieu saint.
» Dieu fait demeurer dans sa maison ceux
» qui n'ont qu'un même esprit; il délivre
» et fait sortir par sa puissance ceux qui
» étaient dans les liens, comme il a délivré
» ceux qui irritaient sa colère et qui habi--
» taient dans les sépulcres.

» Le seigneur remplira de sa parole les
» hérauts de sa gloire, afin qu'ils l'annon-
» cent avec une grande force. » (*Ps.* LXVII,
v. 1, 2, 3, 4, 5, 6, 11.)

—☙—

CINQUANTE-DEUXIÈME ENTRETIEN.

Facultés de l'ame.

LE PRÉCEPTEUR. — L'ame est une pure
essence, un rayon détaché de la gloire divine, destinée à jouir sur la terre d'une
liberté subordonnée à la nature charnelle
qui la tient captive et qu'elle guide, tant
que l'être animal ne se fait pas plus fort
que l'être intellectuel. L'ame, c'est l'oiseau
qui, tôt ou tard, prend son vol ; c'est l'infini

lié au fini, l'éternité soumise au temps, l'image de Dieu confiée à l'homme.

Où commence, où finit l'ame? On la sent partout, on ne la voit nulle part. Douée des plus hautes facultés et libre de suivre dans la vie la bonne ou la mauvaise voie, elle doit compte à Dieu, au terme de son pèlerinage, de l'emploi des jours qu'il lui a donnés. Comment les a-t-elle dépensés? Il a le droit de le savoir pour la récompenser selon ses œuvres.

GEORGES. — Cette faculté accordée à l'ame de faire elle-même son lot, n'est-elle pas appelée libre-arbitre?

LE PRÉCEPTEUR. — Oui, elle peut en effet être seule maîtresse de sa destinée ici-bas, mais Dieu la jugera au jour du jugement.

La volonté est le nerf de la vie; on ne fait rien sans elle : *vouloir* c'est *pouvoir*.

LOUISE. — La délicatesse des sensations n'est-elle pas en raison de la délicatesse de l'ame?

LE PRÉCEPTEUR. — Les sens doivent subir son influence, parce qu'il ne peut y avoir lutte entre l'être moral et l'être physique, si l'un domine absolument l'autre.

GEORGES. — L'éducation ne contribuet-elle pas au développement des facultés de l'ame ?

LE PRÉCEPTEUR. — Elle les ennoblit et les fait tourner à la fois au profit du cœur et de l'intelligence.

LOUISE. — Le corps et l'ame sont donc deux êtres réunis en un seul?

LE PRÉCEPTEUR. — C'est l'écorce et le bois, mais souvent ce n'est plus que la lutte entre l'instinct du mal et le génie du bien. Si l'éducation du cœur a été bonne, les mauvais instincts seront étouf-fés, l'homme moral triomphera de l'homme physique: la passion est une fièvre qui s'use quand un remède sûr la combat.

GEORGES.— Comment l'ame se manifeste-t-elle à nous?

LE PRÉCEPTEUR.— Par la pensée, qui n'a de bornes que l'infini, qui ne connaît de maître que Dieu, et qui se modifie par les actes de la réflexion. Le jugement est la principale faculté de l'ame, combinée avec la réflexion. On ne peut juger que ce que l'on compare; tout jugement suppose donc la connaissance d'un fait et son apprécia-tion.

Louise. — L'homme peut-il manquer de jugement?

Le Précepteur. — Une faculté qu'on néglige est une faculté qui s'éteint. Mais dans ces trois dons, qui nous sont départis, quelle immense richesse accumulée! Par la mémoire, nous rappelons le passé, nous le faisons revivre, et les jours de notre vieillesse ne sont souvent qu'un agréable souvenir. Par l'imagination, notre esprit compose des tableaux, groupe des personnages, s'élance dans le champ de l'avenir, et vit d'illusions qui le bercent comme une suave harmonie. L'imagination est le prisme aux brillantes couleurs; la jeunesse passe sa vie à lui prêter mille charmes. Ainsi, apprendre appartient à l'enfance, rêver appartient à la jeunesse, juger appartient à l'âge mûr.

Georges. — L'action du moral sur le physique, et du physique sur le moral, ne devient-elle jamais fatale à l'un des deux?

Le Précepteur. — Elle rompt souvent l'équilibre normal, en excitant démesurément un organe de préférence à un autre. L'ame, qui ne dort jamais, ne se fatigue point; le corps, soumis aux conditions de la matière, s'use par les excès; le repos lui devient chaque jour un besoin indispensable. C'est la servitude que Dieu a imposée à l'ame. Mais peut-être serait-il juste de dire que si elle obéit au sommeil du corps, elle cède souvent à ses veilles.

Louise. — Les appétits de l'ame sont-ils mesurés ?

Le Précepteur. — Avide de jouissances, il lui faut la vie intellectuelle, comme au corps la vie positive.

Georges. — Lorsque les facultés humaines s'affaiblissent, perd-elle de sa force ?

Le Précepteur. — Les sensations s'émoussent, les perceptions deviennent moins fines, l'ame reste toujours la même.

Louise. — A quel moment les ressorts cessent-ils de fonctionner ?

Le Précepteur. — Ce terme n'est pas toujours la vieillesse. Dieu, qui a donné la vie, est le maître de la reprendre ; souvent il suspend les fonctions d'un organe pour réveiller une conscience assoupie : la maladie n'est qu'une halte de la santé, la mort est la fin d'une épreuve dont nous ignorons le terme.

Louise. — Est-ce par l'ame que s'établissent les relations sociales ?

Le Précepteur. — La Providence, en révélant à l'homme le langage parlé, voulut qu'il en pût faire l'agent de ses rapports avec le monde, l'interprète de ses sentiments et de ses pensées. Par la parole, l'échange des idées est devenu facile, la communication des sentiments rapide, et c'est par elle que l'intelligence d'un seul sert souvent d'unique lumière aux masses. Les relations sociales ont fait naître le commerce ; à son tour l'invention, cette faculté de l'esprit à laquelle nous devons tant, a trouvé dans son domaine les sciences, les beaux-arts, l'industrie, c'est-à-dire tout ce qui expérimente, imagine, produit.

L'architecture, la navigation, l'écriture, l'imprimerie, l'emploi de la vapeur, la fabrication des métaux, celle des tissus de tous genres, voilà ce qu'a découvert le génie de quelques hommes, et ce que tous exploitent aujourd'hui, sans que l'ouvrier doive s'attribuer le mérite de l'inventeur.

Une œuvre suppose l'invention et l'exécution, le travail de l'esprit et le travail manuel ; mais celui qui crée et celui qui produit ont tous deux le même but, sans que l'un doive plus se prévaloir de son intelligence, que l'autre de sa force. Rien ne consacre mieux, en effet, le principe de la fraternité universelle, que ce continuel besoin que nous avons les uns des autres. Dieu, s'il n'eût pas voulu nous relier, eût favorisé notre indépendance; en nous rendant solidairement tributaires, il a donné aux relations sociales la sanction de son autorité. Malheur à qui la viole ! malheur à qui, par la révolte, enfreint la loi de paix et d'obéissance qu'il lui a été enjoint de respecter. Un seul génie suffit à la conception d'une œuvre qui doit être accomplie en commun; de même, sous un seul chef, que chaque nation rende à son Dieu la gloire qui lui est due, et que la fraternité chrétienne fasse rendre à César ce qui est à César, à Dieu ce qui est à Dieu ! Il est écrit au livre de Salomon : « Entrez en société avec nous; n'ayons tous qu'une même bourse ! » Il est écrit aux Évangiles : « d'aimer son prochain comme soi-même. » Pourquoi nous serions-nous hostiles, pourquoi négligerions-nous les avis que la Providence nous donne par la maladie, par la perte des plus précieux biens temporels ? Ah ! que celui qui a vu mourir son père, songe que les vieux s'en vont pour éclairer les jeunes, et que Dieu, par ses avis, semble nous dire : « Convertissez-vous par les remontrances que je vous fais. Je vais répandre sur vous mon esprit, et je vous ferai entendre mes paroles. » (*Prov.*, chap. 1er, v. 23).

— ❧ —

CINQUANTE-TROISIÈME ENTRETIEN.

But de l'homme sur la terre.

LE PRÉCEPTEUR. — « Dieu créa l'homme mâle et femelle, » et il dit au couple : « Croissez et multipliez. » (*Genèse*, chap. 1er, v. 27 et 28.) De cette union de deux êtres formés de la même substance, ayant une même origine et un but commun à atteindre, devait sortir la famille, ensemble qui est à la société ce qu'est à une forêt l'arbre d'où partent diverses branches. La famille est la plus grande extension de l'individu ; le père et la mère se perpétuent en leurs enfants, comme le tronc par ses branches. En vain on voudrait diminuer l'influence de la famille ; ce que Dieu veut dure toujours, et tant que la femme peuplera la terre, ses fils seront les objets de sa plus constante affection.

Le couple, homme et femme, forme l'individu social, concourant aux mêmes travaux d'une manière dissemblable. Quand le lapidaire fait monter un diamant, il confie à chacun sa besogne ; de même Dieu, pour une œuvre commune, a eu des ouvriers différents : la femme ne peut agir comme l'homme sans mentir à sa nature, sans abjurer ses devoirs : il n'y a de bien que ce qui est à sa place.

Cependant la famille n'a pu s'échelonner sur le globe pour y vivre isolée, ses propres besoins lui ont fait établir des rapports, non-seulement d'homme à homme, mais de cité à cité, de peuple à peuple. A ces relations sociales, se relie la plus haute pensée d'une civilisation dont Dieu a fait le travail d'ensemble. Les hommes du Midi ont voulu connaître les hommes du Nord ; ceux d'Orient sont venus en Occident, et de ces émigrations continuelles résulte aujourd'hui la richesse générale.

La famille aime la paix et tire sa force de l'union ; Dieu l'appelle à resserrer des liens qui, sans se rompre, se sont relâchés. Les vertus sociales sont subordonnées aux vertus domestiques. L'industrie a jeté des chemins de fer sur toutes les routes, la force motrice de la vapeur est venue en aide au génie des hommes, et la Providence, en permettant que le moment du retour touchât, pour le voyageur, au moment du départ, a donné la plus juste mesure des rapports généraux et individuels de l'espèce humaine. Par ces voies promptes, ceux qui ont portent à ceux qui n'ont pas ; la famille ne doit rien y perdre.

Si l'union conjugale cessait d'être le plus sacré des liens, les hommes ne donneraient plus leur nom à leur compagne. Tout se confondrait dans la tribu, les femmes garderaient leur nom propre. Depuis qu'un seul homme doit avoir une seule femme, ils n'ont plus qu'un nom pour deux cœurs.

Non-seulement on doit obéissance à son père, mais à ses supérieurs selon le rang, l'âge et le mérite. Dieu n'a pas voulu que nous fussions tous égaux, il veut que nous soyons tous heureux, et pour cela ne regardons point à ce que nous pourrions inutilement envier.

Notre Père céleste nous a donné deux bras, pour que par l'un nous soyons guidés, tandis que nous guiderons par l'autre. Ces deux appendices de notre être sont comme les anneaux par lesquels la chaîne du monde se lie; nous devons le comprendre ainsi.

Le mot Babel, synonyme de confusion, rappelle la dispersion des hommes sur le globe; mais était-ce là le dernier mot de la Providence? La terre, avant de ne former qu'un corps solide, ne fut-elle pas un ensemble diffus de matière?

Dieu, par son fils, a proclamé la fraternité et mis l'homme en rapport avec l'universelle harmonie. Tout ce que nous voyons se meut dans un admirable accord; le chef-d'œuvre de la création manquerait-il seul à cette loi? Non, Dieu ne peut se contredire, et ce serait là une contradiction. Partout la même pensée se retrouve, partout nous découvrons cette juste application des paroles du Sauveur : « Aimez-vous les uns les autres. » Oui, de l'harmonie générale naîtra le bonheur particulier, et la perfectibilité humaine ne s'arrêtera sur la terre que pour prendre dans le ciel le nom de perfection : Dieu veut que nous atteignions à notre fin dernière.

— ❧ —

CINQUANTE-QUATRIÈME ENTRETIEN.

Du sommeil. — Des sons.

Le Précepteur. — La vie humaine se partage en deux périodes alternes, le sommeil et le réveil : l'une répond à la nuit, l'autre répond au jour. Le sommeil n'est pas seulement un état particulier à notre nature, tout ce qui vit en ressent l'influence, et les plantes mêmes la subissent. Les mots de repos sont synonymes de sommeil. Dès que l'astre du jour disparaît derrière la montagne, le coq grimpe sur son perchoir, l'oiseau s'abrite sous le feuillage, le mouton regagne son châlet, l'homme seul intervertit volontairement ce cri général de l'univers et vole au matin ce qu'il a pris au soir. Qu'il est beau ce moment où, changeant le tableau de la nature, Dieu laisse briller au ciel ces globes étincelants de lumière que l'éclat du soleil nous cache pendant le jour, et que de poésie sous la clarté douteuse de la lune ! Le jour répond à l'activité matérielle du corps ; la nuit répond aux profondes méditations de l'ame : il faut agir avec le jour , il faut sentir avec la nuit.

Georges. — Le temps donné au sommeil n'est-il pas perdu pour la vie ?

Le Précepteur. — Il sert au contraire à rétablir l'équilibre de nos forces. D'ailleurs, Dieu nous a laissé les illusions du rêve, et, par lui, nous jouissons souvent d'une activité plus grande que celle à laquelle participe la matière.

Louise. — La voix n'est-elle pas pour l'homme une faculté précieuse ?

Le Précepteur. — Les animaux peuvent comme lui s'entendre à travers l'espace ; mais par les différentes articulations auxquelles se prête la langue, l'homme ajoute au son la parole, expression de la pensée.

Georges. — Comment se produisent les sons ?

Le Précepteur. — Par l'ébranlement du fluide gazeux répandu dans l'espace, et qui, brusquement comprimé par un corps sonore, ondule et vibre en raison de son élasticité.

Georges. — Le son a-t-il la propriété de se propager à une grande distance?

Le Précepteur. — Oui, mais il s'écoule toujours une fraction de seconde entre l'émission du son et sa perception.

Louise. — Cela est-il facile à prouver?

Le Précepteur. — Ne savons-nous pas que l'éclair précède le bruit du tonnerre? L'homme modifie l'action de l'air de mille manières, et, comme le dit Bernardin de Saint-Pierre : « Avec sa seule voix il imite les sifflements, les cris et les chants de tous les animaux, et il n'y a que lui qui emploie la parole, dont aucun d'eux ne peut se servir.

» Tantôt il rend l'air sensible, le fait soupirer dans les chalumeaux, gémir dans les flûtes, menacer dans les trompettes, et anime au gré de ses passions le bronze, le buis et les roseaux. » Le son comprend la qualité, la quantité, l'intensité.

Louise. — Qu'est-ce que la qualité?

Le Précepteur. — La propriété particulière qui résulte pour l'air de l'action de certains corps. La quantité tient à la circonférence qu'embrasse l'organe sonore, et l'intensité au volume des sons émis.

Georges. — Quel est le son le plus agréable à l'oreille?

Le Précepteur. — Le chant, qui réunit au charme de la mélodie l'expression de la pensée. Les sons forment des gammes naturelles ou chromatiques, selon qu'on les enfle ou qu'on les diminue; la musique n'est que l'emploi de ces gammes aux différents instruments qui concourent à la composition d'un orchestre.

Ainsi, l'air atmosphérique dans lequel nos corps sont plongés est la force que nous mettons en mouvement lorsque nos voix célèbrent en chœur le saint nom du Seigneur. Oh! puissions-nous lui faire entendre un jour l'hymne universel de nos louanges, et puissent toutes les molécules, ébranlées à la fois comme par une seule voix, porter au Créateur le tribut de ses créatures!

— ❊ —

CINQUANTE-CINQUIÈME ENTRETIEN.

CHIMIE.

Phénomènes généraux de la nature,

LE PRÉCEPTEUR. — Nous avons examiné le globe dans chaque partie du règne inorganique d'abord, et dans celles du règne organique ensuite. Nous avons vu l'homme sur le sol qui lui est propre ; jetons maintenant un coup d'œil sur les phénomènes extérieurs qui se produisent dans la nature.

GEORGES. — Est-on parvenu à les connaître tous ?

LE PRÉCEPTEUR. — Quelques uns échappent encore à nos regards, mais la chimie s'est rendu compte du plus grand nombre par son art d'analyser et de recomposer les corps.

GEORGES. — Quels sont les corps essentiels réunis dans la nature ?

LE PRÉCEPTEUR. — Les fluides impondérables, c'est-à-dire ceux dont on ne peut apprécier la pesanteur.

LOUISE. — En compte-t-on plusieurs ?

Le Précepteur. — On en connaît quatre, qui constituent le principe vital de la nature, savoir : le fluide lumineux, le calorique, le fluide électrique et le fluide magnétique. Les phénomènes que produit ce dernier sont du ressort de la physique.

Louise. — Quelle est la nature propre de la lumière ?

Le Précepteur. — On suppose que c'est un gaz d'une finesse et d'une sensibilité extrèmes, répandu dans l'espace.

Georges. — Quelles sont les conditions d'émission de la lumière ?

Le Précepteur. — Ce fluide vibre sous l'action des rayons solaires, comme les sons sous celle de la voix ; il teint les objets dès qu'il est mis en mouvement. Tel le caillou sous le choc du briquet.

Georges. — La lumière est-elle simple ?

Le Précepteur. — Non ; c'est un corps composé que l'on soumet sans peine à l'analyse, et d'où résultent les couleurs prismatiques.

Louise. — Comment obtient-on cette décomposition ?

Le Précepteur. — En recevant sur une feuille de papier, par un petit trou, les rayons qu'on fait pénétrer dans une chambre obscure.

GEORGES. — Quelle est la couleur primitive de la lumière ?

LE PRÉCEPTEUR. — Le blanc, ou couleur naturelle, dans laquelle les autres sont contenues. Pour décomposer les rayons, on leur oppose obliquement une des trois faces du prisme, et soudain le rayon blanc forme une bande lumineuse de sept nuances.

GEORGES. — La disposition des couleurs prismatiques est-elle toujours la même?

LE PRÉCEPTEUR. — On ne la voit pas plus changer que celle de l'arc-en-ciel, prisme suspendu dans l'espace et résultant aussi de la décomposition des rayons lumineux.

LOUISE. — Dans quel ordre perçoit-on les couleurs ?

LE PRÉCEPTEUR. — D'abord se présente le rouge ;

2° L'orangé ;

3° Le jaune ;

4° Le vert ;

5° Le bleu ;

6° L'indigo ;

7° Le violet.

Georges. — Les corps éclairés reçoivent-ils la lumière en ligne droite ?

Le Précepteur. — Cette supposition est la plus naturelle.

Louise. — Les rayons lumineux ne sont-ils pas un grand bienfait de la Providence ?

Le Précepteur. — Sans doute, puisque sans eux nous serions plongés dans une constante nuit. Un rayon est lancé par un corps éclairé ; il emporte avec lui l'image du point d'où il est parti, et bientôt elle se peint sur la rétine, organe de la sensation de l'œil.

Les rayons se produisent en ligne droite si le milieu diaphane dans lequel ils se meuvent n'est point interrompu ; mais s'ils rencontrent un corps opaque, ils prennent une direction perpendiculaire et deviennent rayons réfléchis. La sensibilité dont ils sont doués est telle, qu'une différence de densité change tout-à-fait leur nature. Quant au rayon réfracté et au rayon incident, ils sont dans un plan perpendiculaire à celui qui sépare les deux milieux.

Louise. — De quelles causes résulte la chaleur ?

Le Précepteur. — De la terre ou de l'é-

tat incandescent de son noyau central. C'est
par la chaleur émanée du soleil que la surface du globe est fécondée. La Providence
a coordonné dans ses moindres parties l'ouvrage de ses mains, et quand la chaleur
centrale est sans action, un astre se lève
et lui supplée.

Louise. — Le phénomène de la chaleur
s'explique-t-il par l'analyse ?

Le Précepteur. — Ce corps, plus subtil
que l'air, plus pénétrant que l'humidité,
plus léger que le plus léger gaz, agit sur
nous avec des modifications extrêmes, et
nous écrase quand il veut nous écraser.
Sur nos têtes le soleil, sous nos pieds la
terre ; voilà les deux souverains de cette
puissance dont le monde est tributaire.

Georges. — Le soleil est-il un foyer de
chaleur?

Le Précepteur. — Il exerce sur elle,
quant à nous, une action immédiate, mais
la terre est le foyer propre où la chaleur
se produit. Le calorique passe de son sein
dans l'atmosphère, pénètre la nature, les
êtres organisés, et produit les effets mer-
veilleux désignés sous le nom d'action du
calorique.

Les vents, qui purifient la nature, sont encore mis en mouvement par le même agent.

Georges.—Ainsi, en remontant des effets aux causes, les vents, ces coursiers des nuages, résultent de l'action du calorique.

Le Précepteur. — Le calorique fait plus encore, il féconde les végétaux par sa douce influence, et les débarrasse des fluides nuisibles qui tendent à les envahir.

Louise. — Fait-on une différence entre la chaleur et le calorique ?

Le Précepteur. — La chaleur est l'effet, le calorique est la cause.

Georges. — Qu'entend-on par rayonnement d'un corps ?

Le Précepteur. — L'action par laquelle il renvoie du calorique dans tous les sens. Un corps moins chaud absorbe le calorique d'un corps plus chaud, et de celui-là on peut dire qu'il reçoit plus qu'il ne donne, jusqu'au moment où l'équilibre de température ne permet plus d'établir aucune différence entre eux. La mère réchauffe ainsi dans ses bras l'enfant de sa tendresse, et quand elle lui a communiqué sa propre chaleur, elle le livre de nouveau à ses seules forces.

La transmission du calorique comprend :

1° L'émission de la chaleur ;

2° L'absorption ;

3° La transmission du calorique à travers les corps, ou conductibilité ;

4° Calorique lancé et réfléchi.

Georges. — Quels sont les corps qui rayonnent le plus.

Le Précepteur. — Il paraît certain qu'une surface noire et polie rayonne plus qu'une surface blanche et polie. Le pouvoir réfléchissant est en raison inverse.

Louise. — Quels sont les meilleurs conducteurs de chaleur?

Le Précepteur. — Les métaux.

Georges. — Un corps éprouve-t-il une manière d'être particulière, par les effets du froid ou de la chaleur?

Le Précepteur. — Il se contracte sous l'un, se dilate sous l'autre.

Louise. — Au moyen de quel agent connaît-on d'une manière précise le degré de la température?

Le Précepteur. — A l'aide d'un thermomètre, dont la description fera l'objet de notre prochain entretien. Fixons, en terminant, notre pensée sur les phénomènes étranges qui viennent de passer sous nos yeux, et répétons avec un cœur pénétré de reconnaissance, que l'harmonie est dans tout. J'ai admiré sur leurs tiges les plus simples fleurs, rien ne manquait à leur existence; j'ai cueilli dans les bois la violette aux couleurs si pures, au parfum si doux, et j'ai trouvé un symbole dans la symétrie de sa feuille dentelée, de ses pétales à demi fermés. Cependant, qu'est-ce qu'une fleur comparée à l'œuvre immense de la création ! Dieu s'est manifesté dans la plante qui se développe, dans le parfum qui s'en exhale; mais combien plus grande a été sa munificence envers nous, et quelles expressions peindront dignement notre reconnaissance ! Plus nous sondons les merveilles de l'univers, plus nous les trouvons infinies, et nos bouches jamais ne loueront assez celui qui est la force des faibles, la consolation de ceux qui souffrent, le Dieu Père, Fils et Saint-Esprit dans une seule et même personne !

Providence éternelle, offrons-lui nos cœurs ; que savons-nous si l'heure qui sonne ne sera pas notre dernière heure ? N'attendons plus.

— ❦ —

CINQUANTE-SIXIÈME ENTRETIEN.

Thermomètre.

Le Précepteur. — Nous ne saurions apprécier ni le degré du froid, ni celui de la chaleur sans le secours d'un thermomètre, car avant la découverte de cet instrument, les effets du calorique n'étaient point constatés d'une manière exacte.

Georges — Qu'est-ce qu'un thermomètre ?

Le Précepteur. — Un tube de verre, à l'extrémité duquel est une boule de même substance remplie de mercure.

Louise. — Par quel procédé gradue-t-on cet instrument ?

Le Précepteur. — Lorsqu'il est bien scellé et privé d'air, on le plonge tour à tour dans la glace fondante et dans l'eau bouillante, en faisant une marque aux deux points extrêmes où s'arrête le mercure. L'intervalle de ces deux termes est divisé en cent parties égales qu'on appelle degrés. Pour graduer un thermomètre, il faut connaître les règles de la géométrie.

Georges. — Quelle différence existe-t-il entre le thermomètre de Réaumur et le thermomètre centigrade?

Le Précepteur. — Le premier ne compte que quatre-vingts degrés, le second en compte cent. Quatre degrés Réaumur valent cinq degrés centigrades. En Angleterre on se sert du thermomètre de Farenheit, en Russie de celui de Delisle.

Louise. — Par quel effet monte ou descend le mercure dans un tube de verre?

Le Précepteur. — Un thermomètre se dilate par la chaleur et se contracte par le froid comme tous les corps.

Georges. — Comment se procure-t-on la moyenne de la température?

Le Précepteur. — En couchant un thermomètre, dans lequel on a mis une petite tige d'acier, que le mercure chasse en montant, et qui, s'arrêtant au maximum de la température, ne redescend point. La distance entre cette tige et le mercure indique le degré. Pour déterminer le minimum, on fait usage d'alcool et d'un index d'émail, au lieu d'un index d'acier. Le liquide, en revenant sur lui-même, entraîne la tige d'émail jusqu'au minimum de température. Il y a des instruments qui marquent à la fois les deux termes extrêmes.

GEORGES. — Qu'est-ce que le point de congélation?

LE PRÉCEPTEUR. — Celui où un liquide devient solide par l'intensité du froid. Le point de fusion est celui où un corps solide passe à l'état liquide, comme la glace. Le point d'ébullition est l'état où un corps liquide se convertit en corps gazeux.

LOUISE. — Qu'appelle-t-on électricité?

LE PRÉCEPTEUR. — La propriété que certains corps ont d'en attirer d'autres par le frottement. Tels sont l'ambre, le verre et le succin. Les métaux sont de bons conducteurs du fluide électrique, qui de lui-même tend à se répandre sur les corps, en raison de leur surface.

GEORGES. — L'électricité n'agit-elle

pas sur les parties les plus aiguës des corps?

LE PRÉCEPTEUR. — A cause de cela on a inventé les paratonnerres, dont la propriété attirante force le fluide électrique à se décharger. Attraction et répulsion, voilà les deux lois générales auxquelles Dieu a soumis la matière et qui suffisent à la maintenir dans un équilibre constant.

GEORGES. — Compte-t-on un grand nombre de phénomènes électriques?

LE PRÉCEPTEUR. — Les principaux sont produits par l'électrophore, l'électromètre, le condensateur, les pointes et la pile de Volta.

LOUISE. — Qu'est-ce que le magnétisme?

LE PRÉCEPTEUR. — Le pouvoir qu'exerce sur l'aimant un fluide appelé magnétique, tantôt désigné sous le nom de fluide austral, tantôt sous celui de fluide boréal.

GEORGES. — L'aimant attire-t-il à lui certains corps comme le fait le fluide électrique?

LE PRÉCEPTEUR. — Les points de ressemblance que le fluide électrique et le fluide magnétique ont entre eux font supposer

III   5

que ce dernier n'est qu'une modification du premier.

Georges. — Quelle cause produit le tonnerre ?

Le Précepteur. — La détonnation d'une nuée électrique.

Louise. — Comment l'électricité se produit-elle dans les nuages ?

Le Précepteur. — Les vapeurs qui se dégagent de la terre emportent avec elles l'électricité des corps terrestres dont s'emparent les nuages. On a reconnu, en outre, que les différentes couches d'air atmosphérique sont plus ou moins électrisées, ce qui résout le problème de l'électricité négative et positive.

Du choc de deux masses contraires jaillit l'étincelle électrique d'où la foudre résulte.

Georges. — Mais, cette masse foudroyante qui frappe la terre en de certains moments, à quoi doit-elle sa formation ?

Le Précepteur. — A la concrétion des matières minérales, enlevées à la terre sous la forme de molécules, et portées aux nuages par les vapeurs émanées du sol. Il ne faut pas confondre la matière électrique avec la matière électrisée qui produit le tonnerre.

GEORGES. — Suffit-il du simple choc d'une étincelle pour électriser un nuage?

LE PRÉCEPTEUR. — Oui; mais la commotion électrique n'a pas les mêmes dangers, lorsqu'elle éclate entre deux nuages au lieu d'éclater entre un nuage et la terre.

LOUISE. — La boussole n'a-t-elle pas révélé la puissance de l'aimant?

LE PRÉCEPTEUR. — L'aiguille aimantée sert en effet de boussole aux marins, par sa disposition à chercher le pôle nord; toutefois, les directions qu'elle suit s'en éloignent assez souvent.

GEORGES. — La chaleur, la lumière, l'électricité et le magnétisme sont-ils les seuls fluides impondérables?

LE PRÉCEPTEUR. — Ces corps semblent s'identifier à ce point qu'on peut les considérer comme le même fluide répandu dans l'espace, sous le nom d'éther, et mis en vibration de différentes manières par différents agents; de même, les mondes suspendus à la voûte de l'infini y gravitent dans un milieu propre, identique à tous, et par leur double force d'attraction et de répulsion, restent dans un équilibre parfait avec les autres corps célestes. L'harmonie résulte des contraires, auxquels répondent pour nous des antipathies et des sympathies. Un corps céleste trop rapproché d'un autre serait dans de fâcheuses conditions physiques. Attiré avec force, il se sent repoussé plus fortement encore, et reste dans un état de dépendance que d'autres subissent à son égard.

Dieu a sanctionné la convenance des relations entre les corps célestes ; mais, en établissant entre eux de certains rapports, il n'a pas permis que la vie de l'un pût nuire à la vie de l'autre, et le plus fort a dit au plus faible : « Tu viendras jusque-là et n'iras pas plus loin. »

Et nous, dont les affections sont ici-bas, nous qui, dans la société, obéissons à cette double loi des attractions et des répulsions, rapprochons notre pensée du seul être à qui sa force permet de tout porter, et glorifions son nom.

« Qui accusera les élus de Dieu ? sera-ce
» Dieu, lui qui les justifie ?

» Qui osera les condamner ? sera-ce Jé-
» sus-Christ, lui qui est mort pour nous,

» qui de plus est ressuscité, qui est à la
» droite de Dieu et qui intercède pour
» nous?

» Qui donc nous séparera de l'amour de
» Jésus-Christ? Sera-ce l'affliction ou les
» déplaisirs, ou la persécution, ou la faim,
» ou la nudité, ou les périls, ou le fer, ou
» la violence?

» Ni tout ce qu'il y a de plus haut ou de
» plus profond, ni toute autre créature ne
» pourra jamais nous séparer de l'amour de
» Dieu en Jésus-Christ, Notre Seigneur. »
(*Saint Paul aux Romains*, chap. VIII,
v. 33, 34, 35, 37.)

— ❦ —

CINQUANTE-SEPTIÈME ENTRETIEN.

Corps pondérables. — Élément comburant. — Hydrogène.

LE PRÉCEPTEUR. — On donne le nom
d'élément au fluide qui a la propriété de
brûler les corps combustibles.

GEORGES. — Qu'appelle-t-on corps pondérable?

LE PRÉCEPTEUR. — Celui qu'on peut
peser, comme l'oxygène, si nécessaire à la
respiration et à la combustion.

Louise. — Quel est le poids de ce fluide?

Le Précepteur. — On l'évalue à **11,026.** Priestley constata l'existence de ce gaz en 1774.

Georges. — L'oxygène est-il lumineux ?

Le Précepteur. — Inodore et incolore, il se dilate sous la chaleur, et devient lumineux par une pression subite. Si l'on plonge dans ce gaz une bougie allumée, elle y brûle avec un éclat éblouissant. Le soufre, le phosphore et d'autres corps inflammables produisent le même éclat, combinés avec l'oxygène.

Louise. — L'air atmosphérique n'agit-il pas sur les corps combustibles?

Le Précepteur. — L'action des courants contribue à leur inflammabilité.

Louise. — Le charbon de bois en ignition ne donne-t-il pas lieu à la formation d'une substance gazeuse ?

Le Précepteur. — Lorsque le charbon a été réduit en cendres, sa combustion donne le gaz acide-carbonique, dont le poids est plus considérable que celui du charbon.

Georges. — De quel phénomène résulte la combustion ?

Le Précepteur. — De la combinaison de

deux corps avec dégagement de calorique et de lumière.

Louise. — L'hydrogène est-il, comme l'oxygène, incolore et inflammable tout à la fois?

Le Précepteur. — L'hydrogène s'enflamme au moindre contact d'un corps lumineux, mais il éteint tout corps qu'il immerge, s'il n'est en contact avec l'air atmosphérique.

Georges. — D'où lui vient son nom?

Le Précepteur. — Du mot grec ὕδωρ, eau, dont il est le principe générateur. L'hydrogène pèse 0,069 ; c'est le plus léger de tous les gaz. Il est difficile de recueillir à l'état de pureté celui qu'on obtient de l'eau. Ce gaz sert à gonfler les ballons.

Louise. — Qu'est-ce que l'hydrogène pro-carburé ?

Le Précepteur. — Celui dont on fait l'application à l'éclairage, et qu'on obtient soit des matières grasses soit du charbon, par des moyens artificiels.

Georges. — Comment procède-t-on?

Le Précepteur. — On charge de feu une cornue à deux tubes, et, lorsqu'elle est à l'état de rouge obscur, on y introduit l'huile qu'on veut volatiser et qui se porte, à l'état de vapeur, vers le tube placé à l'autre extrémité du récipient, qu'on a eu la précaution de luter.

Louise. — Où arrive-t-elle ainsi?

Le Précepteur. — Dans un appareil appelé condensateur, qui reçoit l'huile non décomposée, tandis que la partie dépouillée de sa substance grasse, se rend, sous forme de gaz, dans un réservoir appelé gazomètre, d'où elle est distribuée dans la ville par des tuyaux conducteurs.

Pour l'épuration du charbon, les appareils diffèrent peu ; seulement, en sortant du premier cylindre, la vapeur traverse un bain de chaux, s'y épure et se rend dans le gazomètre.

Les foyers à gaz fonctionnent avec le même coke pendant quinze jours ; ce temps écoulé, on remet de nouveau charbon et on recommence l'opération.

Louise. — Le coke qu'on retire des cornues ne sert-il à aucun usage?

Le Précepteur. — On le livre à la consommation sous le nom de charbon épuré.

Georges. — Quel est le meilleur gaz?

Le Précepteur. — Celui qu'on obtient par l'épuration de l'huile a un pouvoir il-luminant deux fois plus fort que celui fourni par le charbon.

Louise. — Qu'appelle-t-on gaz portatif?

Le Précepteur. — Le fluide qu'on peut introduire dans un réservoir ayant un tube aboutissant au pied d'une lampe; mais il faut dire que si ce gaz est portatif, la lampe ne l'est guère.

Georges. — On ne trouve donc aucun avantage à s'en servir ?

Le Précepteur. — Porté en petite quan-tité, on peut établir un réservoir sans dé-grader ni les murs ni les appartements. Mais comme toutes choses ont leur compen-sation, le gaz partant d'un foyer commun n'astreint à aucune servitude, on a sa lu-mière sous la main tant qu'on veut la payer.

Ainsi, vous le voyez, l'homme a reçu de son Créateur, avec les fluides naturels pro-pres à son existence, la faculté de les mul-tiplier artificiellement. Il n'invente rien, il trouve; mais qui multiplie sous ses yeux les expériences, sinon celui qui enrichit sans cesse la nature? Le hasard est, dit-on, le roi des découvertes; mais le hasard a l'âge du monde, pourquoi n'a-t-il pas trouvé il y a cinq mille ans ce qui pouvait alors se produire ?

Non, le hasard n'est pour rien dans l'œuvre de Dieu ; si les découvertes marchent lentement, c'est qu'il n'a été donné qu'à un petit nombre d'hommes de décomposer et de recomposer la matière ; c'est que la Providence a voulu qu'on cherchât pour trouver, et qu'après avoir trouvé on étudiât pour connaître. Les rayons lumineux ont toujours contenu des rayons obscurs appelés rayons chimiques ; avant la découverte de M. Daguerre, qui se doutait de leur existence et de l'application qu'on pouvait en faire aux arts ? Dieu ne nous a donné de riches facultés que pour les exercer ; la science est un feu sacré confié aux intelligences assez puissantes pour arracher à la nature ses secrets. Mais la plus curieuse découverte serait celle qui donnerait le chiffre des inventions humaines depuis l'origine du monde, si toutefois on pouvait les énumérer. Les résultats du passé serviraient de mesure pour l'avenir, et peut-être, à voir combien il lui a été révélé de choses, l'homme reporterait-il à son Dieu tout ce qu'il croit se devoir à lui-même. En vain il attribue à son génie la connaissance des biens dont il jouit ; que serait sa science si, pour un seul instant, le Tout-Puissant lui retirait un seul des éléments propres à son existence ? L'air qui rafraîchit ses poumons, le jour qui l'éclaire, la chaleur qui entretient la sève au cœur de la nature, l'eau qui, dans son vaste parcours, visite tant de trésors, ces biens, s'il ne les avait pas, pourrait-il se les donner ? Si le calorique lui manquait, mettrait-il sous verre la nature, quand il a tant de peine à garantir sa demeure contre les froids de l'hiver ?

Aide-toi, le ciel t'aidera. Ces paroles expliquent les progrès de l'humanité, mais ne justifient pas son orgueil. Pourquoi le propriétaire d'un sol ne l'exploite-t-il qu'à la surface ? C'est que la terre, notre domaine à tous, ne doit donner à chacun que ce qu'il peut consommer. Les trésors du globe sont distribués de manière à fixer la mesure de leur distribution. Quand Dieu répand en grandes couches la houille et le fer, c'est qu'il les destine à un usage plus commun que l'or et le diamant.

Il y a cinq mille ans que nous fouillons la terre dans ses entrailles, l'avons-nous appauvrie ? Et quand nous avons tant de motifs de reconnaissance, paierons-nous les continuelles bontés de la Providence par une ingratitude éternelle ? Un enfant qui tient tout de son père l'honore et le bénit : honorons donc notre père céleste, car s'il ne nous a point donné, comme au lion, de riche fourrure, il nous a donné toutes choses ; et, tandis que les animaux n'ont qu'un habit, nous pouvons changer les nôtres selon les saisons. Bienfaits inappréciables, sources infinies, parce que nous vous possédons, méconnaîtrons-nous votre valeur ? Le riche a des trésors qu'il prodigue ; mais quelle prodigalité verra la fin des trésors de Dieu ? Gloire à lui, honneur à son nom, grâce à sa miséricorde, car il est plus infatigable dans ses bienfaits que nous dans nos transgressions !

CINQUANTE-HUITIÈME ENTRETIEN.

Phosphore. soufre, azote, oxygène.

Le Précepteur. — Un corps inflamma-

ble précieux pour analyser l'air atmosphérique, parce qu'il isole l'azote et absorbe
l'oxygène, c'est le phosphore, substance
à demi-liquide, dont l'odeur approche de
celle de l'ail.

Louise. — A quelle époque cet élément
fut-il découvert?

Le Précepteur. — En 1669, par Grand;
mais Gahu fut le premier qui, en 1769,
constata sa présence dans les os sous le
nom de phosphate de chaux.

Georges. — Le soufre a-t-il de l'analogie avec le phosphore?

Le Précepteur. — L'un est l'amadou,
l'autre le porte-étincelle; mais de ces deux
états contraires résulte un bienfait pour
l'homme. Le briquet phosphorique ne se
vend pas sans allumettes soufrées.

Le soufre est abondant et naturel; on le
transforme par la combustion en acide sulfurique, d'une odeur suffoquante. De nature tout-à-fait différente, l'azote est im-
propre à la combustion; mais il entre pour
soixante-dix-neuf parties sur cent dans la
composition de l'air atmosphérique, autrefois appelé air phlogistique, à cause des
parties inflammables qu'il contient: on ob-

tient l'azote en dégageant de l'air vital l'oxygène, qui se change en acide nitrique.

Louise. — A quel phénomène doit-on la coloration de l'air atmosphérique, appelé éther ?

Le Précepteur. — A la masse considérable qu'il forme dans l'espace ; autrement il échappe à notre œil, et nous pénètre sans se laisser apercevoir.

Georges. — N'a-t-il pas quelquefois une odeur particulière ?

Le Précepteur. — Oui , lorsqu'il est chargé du fluide électrique.

Louise. — Privé d'une de ses parties , l'air n'est-il pas nuisible aux plantes et aux animaux ?

Le Précepteur. — L'oxygène, par exemple , est nécessaire à la vie de tous les êtres organisés. Il y a un constant échange entre la nature et l'atmosphère. La respiration des animaux produit sur l'air le même effet que la combustion.

Georges. — Les plantes ne contiennent-elles pas de l'oxygène ?

Le Précepteur. — Toutes en dégagent plus ou moins sous l'action du soleil, et, de cette constante composition ou décomposition, résulte la salubrité du milieu dans lequel nous vivons.

LOUISE. — L'air produisant de la vapeur, la vapeur, à son tour, produit-elle de l'eau?

LE PRÉCEPTEUR. — Sans aucun doute, et ces deux éléments ne sont, pour ainsi dire, qu'une même chose.

GEORGES. — A quel degré l'eau passe-t-elle à l'état de glace?

LE PRÉCEPTEUR. — A dix degrés au dessous de zéro. L'ébullition, au contraire, a lieu à cent degrés au-dessus, et s'échappe à l'état de vapeur.

GEORGES. — Pourquoi la glace surnage-t-elle?

LE PRÉCEPTEUR. — Parce que l'eau se dilate sous l'action de l'extrême chaleur ou de l'extrême froid, ce qui fait porter à sa surface la partie la plus légère dont la glace est formée.

LOUISE. — Qu'est-ce que les nuages?

LE PRÉCEPTEUR. — M. Arago a dit : Le nuage est un brouillard dans le ciel, et le brouillard un nuage sur la terre. Les vapeurs répandues dans l'espace une fois condensées, retombent en pluie et entretiennent les lacs, les fleuves, les rivières qui portent leurs eaux à la mer. Et comme tout a été sagement prévu, ces masses, au lieu de tomber en nappes écrasantes, s'éparpillent en gouttelettes si fines, que tout leur poids ne peut rompre même les pétales des plus tendres fleurs. La mer, dans ses parcours, perd une partie de son volume, mais ce qu'elle laisse d'un côté lui est rendu de l'autre, et l'équilibre se maintient. La Providence, dans quelque partie de ses œuvres qu'on l'envisage, n'a rien laissé d'incomplet, et chaque nouvel examen nous révèle un nouveau bienfait. Dieu ne s'est lassé ni de nos transgressions ni de notre ingratitude; lumière toujours vive, son œil a veillé sur nous dès le commencement des siècles, et, malgré tant de siècles écoulés, nous ne l'avons point vu suspendre ses bienfaits. Grands et petits, jeunes et vieux, louons-le d'une commune voix, et, si nous admirons ses œuvres, n'adorons que lui, seul digne de notre gratitude éternelle.

CINQUANTE-NEUVIÈME ENTRETIEN.

Charbon, acides, sels, verre, vin, bière, savon.

LE PRÉCEPTEUR. — L'eau est l'un des agents les plus utiles de l'économie domestique. On l'emploie comme boisson, on l'associe aux substances animales qui font la base de toute nourriture ; arroser les végétaux, éteindre la chaux, blanchir le linge, bouillir associée à diverses sortes de substances, tout cela est particulier à l'eau ; mais pour entrer en ébullition, ce liquide, à son tour, a besoin d'un auxiliaire, et c'est alors que le feu lui est indispensable. On connaît deux agents principaux du feu artificiel, le charbon et le bois.

LOUISE. — Le charbon comprend-il plusieurs espèces ?

LE PRÉCEPTEUR. — On en reconnaît trois : le charbon minéral, plus souvent appelé houille, le charbon animal et le charbon de bois.

GEORGES. — Nous connaissons la houille, il nous reste à connaître le charbon animal.

Le Précepteur. — Il s'obtient des os calcinés d'animaux.

Louise. — Y a-t-il pour cela un procédé particulier?

Le Précepteur. — On remplit d'os dégraissés et calcinés un cylindre placé dans un four; on augmente successivement le degré de chaleur, et lorsque les os sont calcinés, on les réduit en poudre fine, propre à la décoloration ou à l'épuration de certaines substances.

Louise. — Par quel procédé obtient-on le charbon de bois?

Le Précepteur. — En construisant une sorte de bucher à plusieurs étages, parfaitement recouvert de feuilles et d'herbes, excepté à sa base; on met le feu à la partie inférieure, et quand il se dégage de ce foyer une épaisse fumée, on ferme toutes les issues, et au bout de quatre jours le bois est carbonisé.

Le charbon entre dans la composition de la poudre, de l'encre, etc.; il produit en outre le gaz acide carbonique.

Georges. — Les acides diffèrent-ils des sels?

Le Précepteur. — Les uns et les autres se

neutralisent ; mais l'eau, par son action , rend les sels qui la traversent solubles ou insolubles.

Georges.— Est-il possible de décomposer les sels insolubles ?

Le Précepteur. — On le peut en employant les carbonates de soude ou de potasse.

Louise. — Y a-t-il un grand nombre de sels naturels et artificiels ?

Le Précepteur. — Notre globe en fournit plus de cinquante variétés pures, et la chimie en compose près de deux mille. La chaux, le plâtre, le verre, contiennent des sels.

Georges. — Comment se fabrique le verre ?

Le Précepteur. — Celui qu'on emploie pour les vitres est dû à un mélange de soude, de sable et de lessive de savonniers ; le verre à bouteilles se fait avec cette même lessive et du sable de rivière, le tout soumis à un feu très-vif. On colore le verre avec les acides.

Georges. — Le verre me rappelle le suc dont on le remplit, et qui s'extrait de la vigne.

Le Précepteur. — Ce produit, d'une souche toujours semblable, prouve ce que peuvent les différences du sol ou de température sur de certaines productions.

Louise. — La température générale de la terre subit-elle des modifications?

Le Précepteur. — Si elle a changé, c'est qu'on a abattu des forêts, détourné des fleuves, miné des montagnes et interverti le plan providentiel de la configuration du globe; toutefois, la température générale ne semble point avoir varié; le plus ou moins de chaleur modifie seulement la qualité du vin, qui, sous le nom de Bordeaux, Champagne, Madère, Porto, etc., jouit de certaines propriétés particulières au terroir.

Georges. — La bière, comme liqueur fermentée, offre-t-elle des avantages que n'a pas le vin?

Le Précepteur. — Elle plaît au goût lorsque, par des chaleurs excessives, on peut la boire fraîche. C'est un composé d'orge et de houblon soumis à la fermentation.

Louise. — D'où vient que le savon dis-

sous produit une mousse assez semblable
à celle de la bière ?

LE PRÉCEPTEUR. — Le mélange de suif,
d'huile et d'alcali, dont la pâte savonneuse
est composée, lui donne cette propriété
mousseuse qui le rend propre à blanchir
le linge. Qu'on descende ainsi sans cesse
dans les détails de ce qui constitue l'industrie humaine, on la verra toujours appuyée
sur la même base, la nature, qui, à son
tour, s'appuie sur Dieu. De quelque point
qu'on parte, quel que soit le cercle qu'on
parcoure, il faut incessamment revenir à
un centre unique, auquel aboutissent les
lignes les plus extrêmes du monde.

Mais il est dans l'ordre que les petits
demandent secours aux grands, les faibles
aux forts, les pauvres aux riches, les op-
primés aux puissants, et que tous composent, à différents degrés, l'ensemble social. Les plantes, les animaux et l'homme
sont tributaires du même Dieu. Ils s'incli-
nent sous les feux du même soleil, aspirent
à la fois le même fluide, marchent sur le
même sol ; et, malgré leurs dissemblances,
ont un terme commun d'existence.

A leur tour, les globes suspendus dans

l'espace, quels que soient leur volume et leur force de gravitation, convergent vers un point unique. Des quatre bouts du monde, en cent idiômes différents, les hommes envoient leur encens au même Dieu, soit qu'ils l'appellent Boudda, Brama, Wichnou, Jéhova. Nous qui, sous le plus beau ciel, avons reçu les lumières de la révélation; nous qui savons que le Dieu des chrétiens est le Sauveur du monde, allons aux faibles, aux souffreteux; apprenons-leur à connaître la vérité par le livre divin qui l'enseigne, et ne repoussons personne, nous souvenant que notre père céleste ne nous a point repoussés, quand nous étions loin de lui par l'endurcissement de nos cœurs. L'incrédulité conduit à la perdition, la foi conduit à Dieu, et comme le dit un saint livre : « Quand Jésus est présent, tout est bon, et rien ne paraît difficile ; quand Jésus est absent, tout fait de la peine.

» Quand Jésus ne parle point au-dedans, toute consolation est peu de chose ; mais si Jésus dit une seule parole, on ressent une grande douceur.

» Heureux le moment où Jésus nous appelle pour nous faire passer des larmes à la joie de l'esprit. » (*Imitation de J.-C.*)

SOIXANTIÈME ENTRETIEN.

Mer. — Océan. — Flux et reflux. — Cours des fleuves. — Sources des mers — Glaces des pôles. — Neiges.

Le Précepteur. — Nous avons étudié les phénomènes généraux de la nature, prenons maintenant isolément ceux qui, pour être bien connus, n'en sont pas moins dignes de notre intérêt. Nous avons suivi les poissons sous les eaux, suivons maintenant les eaux pour elles-mêmes, et voyons si, là encore, nous ne trouverons pas l'occasion de louer le nom du Seigneur.

Le mot Méditerranée, qui signifie au milieu des terres, était autrefois donné à toutes les grandes masses liquides. Aujourd'hui la mer Méditerranée est celle qui, par le détroit de Gibraltar, s'unit à l'Océan, qui couvre les trois quarts du globe.

Louise. — En combien de parties divise-t-on l'Océan ?

Le Précepteur. — En cinq grands bassins principaux, savoir :

1° La mer du Sud, ou Océan Pacifique ;

2° L'Océan Atlantique ;

3° La mer des Indes, ou Océan Indien ;

4° L'Océan Glacial arctique, ou du pôle nord ;

5° L'Océan Glacial antarctique, ou du pôle sud.

GEORGES. — Les mers ne diminuent-elles jamais de volume ?

LE PRÉCEPTEUR. — Elles subissent des déplacements, laissent à sec des parties autrefois inondées, et inondent des parties autrefois à sec ; en outre, leur élévation, au dire des navigateurs, a baissé de plusieurs pieds ; mais il est probable que les eaux gagnent en étendue ce qu'elles perdent en hauteur.

LOUISE. — Dans quel sens se dirigent-elles ?

LE PRÉCEPTEUR. — D'orient en occident.

GEORGES. — Est-ce à la direction de leur marche qu'il faut attribuer le mouvement de flux et reflux ?

LE PRÉCEPTEUR. — Il est causé par le passage de la lune au méridien, et attribué à l'attraction que ce corps a relativement à nous.

Georges. — Ainsi, la lune attirerait nos mers au point de les enfler soudainement?

Le Précepteur. — A son tour le soleil, vers lequel nous nous sentons attirés, contribue à l'élévation des marées; et, en supposant ces deux corps de même nature que la terre, il est à croire que nous faisons monter et descendre leurs eaux par notre mouvement diurne.

Louise. — Quel est le plus fort moment du flux et reflux?

Le Précepteur. — Celui des nouvelles et pleines lunes, parce qu'alors les deux astres entre lesquels nous sommes placés attirent ensemble nos marées.

Georges. — Combien de temps dure la marée montante?

Le Précepteur. — Sa plus grande élévation est de six heures, et son plus grand abaissement d'autant. Ce phénomène a lieu deux fois en vingt-quatre heures, lorsque la lune passe à la partie supérieure ou à la partie inférieure du méridien.

Louise. — Ces mouvements d'eau sont-ils régulièrement les mêmes?

Le Précepteur. — Ils retardent chaque jour de près de cinquante minutes, comme la lune, pour son passage au méridien. Les équinoxes influent aussi sur le flux et reflux, qui dépend de la distance du soleil à l'équateur.

Georges. — Est-ce dès que la lune arrive au méridien que la marée monte?

Le Précepteur. — Il faut, au contraire, un certain temps écoulé.

Louise. — Où le flux et reflux se fait-il sentir avec le plus de force?

Le Précepteur. — Dans les ports de mer, parce que la masse liquide y trouve de la résistance.

Georges. — La mer présente-t-elle des abris contre les tempêtes?

Le Précepteur. — Les anses, les baies sont des ports creusés par la nature pour abriter les navires et les poissons; çà et là, des récifs et des bancs de sable accidentent le rivage, et sont comme autant de puissances opposées à la fureur des vagues. Les fleuves, s'ils arrivaient à la mer en ligne droite, y causeraient peut-être quelque trouble, si la Providence ne les faisait se briser dans de nombreux circuits. Des sources inconnues produisent un ruisseau sans importance; mais la masse grossit en roulant comme l'avalanche, et reçoit de tous côtés les eaux que des torrents ou des rivières lui portent en tribut.

Louise. — Les eaux pluviales se rendent-elles toutes dans les rivières ou dans les fleuves ?

Le Précepteur. — La plupart entretiennent les sources et les fontaines.

Georges. — Où place-t-on la source des fleuves et des mers ?

Le Précepteur. — Bernardin de Saint-Pierre, qui a tant observé, dit : « Les pôles » me paraissent être les sources de la mer, » comme les montagnes à glaces sont les » sources des principaux fleuves. Ce sont, » ce me semble, les glaces et les neiges qui » renouvellent chaque année les eaux de » la mer comprises entre notre continent » et celui de l'Amérique, dont les parties » saillantes et rentrantes correspondent » d'ailleurs entre elles comme les bords » d'un fleuve. On peut d'abord remarquer » sur une mappe-monde, que le bassin » de l'Océan Atlantique va en s'étrécissant » vers le nord et s'élargissant vers le midi. »

Georges. — Ainsi, les glaces alimentent les mers ?

Le Précepteur. — La fonte des neiges y contribue par relation et, sous ce point de vue, les sources mêmes ajoutent, avec les vapeurs, à la masse commune.

Louise. — Ne se dégage-t-il pas du sein des mers une grande quantité de vapeurs ?

Le Précepteur. — Elles enfleraient suffisamment les fleuves si les montagnes, comme de hautes murailles, ne leur barraient le passage et ne buvaient leurs eaux, pour les rendre ensuite à quelque source voisine.

Georges. — Comment se forment les montagnes de glaces ?

Le Précepteur. — Par les vapeurs accumulées. Les glaces des pôles sont en quelque sorte éternelles et viennent grossir les eaux de la mer, alors que le soleil brûlant dégage une quantité plus considérable de chaleur. Les pôles sont comme deux nourrices bienfaisantes, dont le lait ne tarit jamais. A mesure que la sécheresse se fait sentir, la croûte supérieure des glaces se liquéfie et ruisselle, sans qu'une fonte trop prompte produise des phénomènes de perturbation. A leur tour, les neiges sont les réservoirs où se pourvoient les fleuves.

Non-seulement Dieu a donné pour le présent, mais il a mis en réserve pour l'avenir. Quelle prévoyance dans cette multiplicité de parties destinées à former un même tout, et combien l'ame se sent agrandie. quand du sommet d'une montagn se déroule sous ses yeux un immense horizon : la solitude alors lui est un sujet de méditation profonde. Placée entre la terre et le ciel, en présence de son Dieu, elle sonde le passé, et, confessant ses fautes, elle demande à être forte contre les faiblesses de la chair. Le soleil fuit derrière la montagne, les troupeaux font entendre leur dernier bêlement; à ce moment l'homme, toujours debout devant son juge, assiste au cri de repos de la nature, et se sentant plus fort contre les séductions du mal, il bénit la main qui l'a relevé, il glorifie le Sauveur du monde. Oh ! qu'à cette heure l'orphelin ne craigne point de l'implorer pour sa mère. Il aura de la pitié pour toutes les misères, des larmes pour toutes les douleurs : il est religieux.

Vous que le tourbillon emporte, et qui marchez sans penser au terme du voyage, faites une halte tandis qu'il en est temps

encore : « Soumettez-vous à Dieu , et ren-
» trez dans la paix , et vous vous trouve-
» rez comblé de biens.

» Recevez la loi de sa bouche, et gravez
» ses paroles dans votre cœur.

» Si vous retournez au Tout-Puissant,
» vous serez rétabli de nouveau et vous
» bannirez l'iniquité de votre maison.

» Il vous donnera au lieu de la terre le
» rocher, et au lieu de la pierre des tor-
» rents d'or.

» Vous trouverez vos délices dans le Tout-
» Puissant, et vous éleverez votre visage
» vers Dieu.

» Vous le prierez et il vous exaucera, et
» vous vous acquitterez de vos vœux avec
» joie. Vous formerez des desseins et ils
» vous réussiront, et la lumière brillera
» dans les voies par lesquelles vous marchez,
» car celui qui aura été humilié sera dans
» la gloire, et celui qui aura baissé les
» yeux sera sauvé.

» L'innocent sera délivré, et il le sera
» parce que ses mains auront été pures. »
(*Job*, chap. XXII, v. 21 , 22 , 23 , 24 , 26 ,
27 , 28 , 29 et 30.)

SOIXANTE-UNIÈME ENTRETIEN.

Des ballons.

LE PRÉCEPTEUR. — L'homme s'est fait autant d'esclaves des éléments ; il a dit à l'eau : porte-moi de l'une à l'autre de tes rives. Il a dit aux vents : gonflez les voiles de mon navire, et l'onde comme l'air ont obéi. Ce n'était point assez cependant, car il voulait sonder tous les secrets de la vie, et un jour il dit à l'air : porte-moi sur tes ailes au pays des nuages. Ce fut l'origine des ballons.

LOUISE. — Qui inventa les ballons ?

LE PRÉCEPTEUR. — Les frères Montgolfier, d'Annonay, lancèrent en 1782 la première machine aérienne, qui prit le nom de montgolfière.

GEORGES. — Quels faits d'observation portèrent à cette découverte ?

LE PRÉCEPTEUR. — Le mouvement des nuages qui suivaient les courants d'air dans la direction des quatre points cardinaux. Renfermer de l'air dans une légère enveloppe, c'est livrer à l'atmosphère un nuage factice qui marche dans la direction des autres. D'abord , et comme toute chose qui commence, les premiers essais laissèrent beaucoup à désirer; il faut aux découvertes la sanction et les perfectionnements du temps.

Louise. — Comment étaient les premiers ballons?

Le Précepteur. — En simple toile recouverte de papier, ayant la forme d'un œuf percé par un bout. On fit aussi monter plusieurs ballons fixes, retenus par des cordes, afin de pouvoir répéter plusieurs fois de suite la même expérience.

Georges. — Avec quoi gonfle-t-on ces machines aériennes ?

Le Précepteur. — M. Montgolfier employa d'abord de la fumée de paille et de matières animales; mais bientôt on fit usage à Paris du plus léger de tous les gaz, de l'hydrogène, dont le poids est quatorze fois moindre que celui de l'air atmosphérique.

L'enveloppe des aérostats est maintenant en taffetas élastique ; pour la composer , on fait dissoudre du caoutchouc dans de l'huile de térébenthine, et le taffetas reçoit extérieurement une couche de cette préparation qui le rend imperméable.

GEORGES. — Quand on s'élève dans l'air à l'aide d'un ballon, comment procède-t-on ?

LE PRÉCEPTEUR. — Une nacelle à filet est suspendue à l'aérostat et porte les voyageurs qui s'abandonnent ainsi aux soins de la Providence.

LOUISE. — Pourquoi le ballon n'est-il jamais bien gonflé au moment du départ ?

LE PRÉCEPTEUR. — Parce que le gaz qu'il contient se dilate en s'élevant, et qu'il serait dangereux de le soumettre à une trop forte pression. Une fois suffisamment tendu, le ballon s'arrête dans une couche de densité égale à la sienne.

GEORGES. — Quel est le diamètre ordinaire des ballons ?

LE PRÉCEPTEUR. — Ceux dont on se sert pour les ascensions ont de 25 à 30 pieds.

LOUISE. — S'élèvent-ils à une grande hauteur ?

LE PRÉCEPTEUR. — En 1804, M. Gay-Lussac atteignit à 6,980 mètres et descendit à Rouen, six heures après son départ de Paris.

Georges. — A-t-on parcouru ainsi de longues distances?

Le Précepteur. — En 1785, Blanchard et l'Anglais Jeffières firent la traversée de Calais à Douvres. Depuis on a poussé plus loin les expériences, et M. Green a fait, en douze heures, le voyage de Londres en Bavière.

Georges. — Quel moyen emploient les voyageurs lorsqu'ils veulent se diriger sur un point quelconque de la terre?

Le Précepteur. — Pour descendre, ils ouvrent la soupape du ballon, et soudain il s'échappe une quantité de gaz que remplace une égale quantité d'air plus lourd. Pour monter, ils jettent, au contraire, une partie du sable qui lestait la nacelle, et l'aérostat, devenu plus léger, traverse des couches plus légères.

Ce lest est l'accessoire obligé du ballon ; il devient pour l'aéronaute un moyen de choisir le lieu où il veut descendre.

Louise. — Comment cela?

Le Précepteur.—Supposons que, s'étant rapproché d'un terrain peu propre, il veuille en choisir un autre , il jette du lest, monte de nouveau, et se choisit un nouvel abordage. Jusqu'à ce jour on n'a pu diriger que l'ascension du ballon , et non son parcours dans l'espace ; qu'on parvienne à rompre les courants , à s'orienter dans l'air, et les difficultés seront vaincues.

GEORGES. — Si les stations devenaient fréquentes, le ballon ne perdrait-il pas de sa légèreté ?

LE PRÉCEPTEUR. — Sans doute ; mais on s'arrêterait pour faire de l'air , comme on s'arrête en mer pour faire de l'eau. D'ailleurs, il faut bien reconnaître que les voyages aériens ne conviendraient jamais à tout le monde, et s'accompliraient avec réserve à cause du danger des chutes à ce point d'élévation.

LOUISE. — Qu'est-ce qu'un parachute ?

LE PRÉCEPTEUR. — Une machine propre à diminuer le degré de vitesse de la descente du ballon.

GEORGES. — A cette élévation dans l'atmosphère, les fonctions animales n'éprouvent-elles pas quelque trouble ?

LE PRÉCEPTEUR. — M. Gay-Lussac, dans son ascension aérienne, constata que des parchemins se crispaient dans les régions élevées, comme sous l'action du feu, et que le pouls donnait 120 pulsations par minute.

GEORGES. — En traversant l'espace, un bruit extraordinaire de vent ne frappait-il pas l'oreille des voyageurs?

LE PRÉCEPTEUR. — C'était impossible, ils marchaient avec la même vitesse que le vent.

LOUISE. — D'où provenait le redoublement de pulsations?

LE PRÉCEPTEUR. — De la rapidité avec laquelle l'air s'était raréfié. La science a gagné à ces ascensions dans les nuages; mais le brusque passage d'un milieu plus dense à un milieu qui l'est moins, présente des inconvénients tels, que la crainte du mal et le désir du bien porteront rarement à les braver. Ajoutons qu'avec une vitesse presque égale et sans nous faire sortir de l'atmosphère qui nous est propre, les chemins de fer nous font aujourd'hui franchir les plus grandes distances. D'ailleurs, cette perturbation des organes vitaux à une certaine hauteur, ne dit-elle pas à notre intelligence que Dieu nous a subordonnés à

la terre comme il a subordonné la terre à
nous? Le sein des mers, les plus hautes
montagnes conviennent à nos poumons ; si
le Créateur eût voulu nous soumettre les
régions des nuages, elles seraient appro-
priées à notre nature ou nous à la leur :
contentons-nous donc du terrain sur lequel
nos pieds peuvent toujours s'appuyer, de
l'élément où nos vaisseaux trouvent un
port, et laissons à Dieu l'espace qu'il a
placé entre nous et l'infini! Nous pouvons
parcourir toute la terre habitable et com-
muniquer avec toutes les nations, mais
dans l'espace où nul n'habite, qu'irions-
nous chercher? N'ayons pas plus d'orgueil
que de puissance ; restons dans la limite
de notre univers terrestre. Quand nous
passerions des siècles et des siècles à parcourir le monde, nous trouverions toujours
du bien à faire, des connaissances à acquérir et toujours la même main à bénir! Que
la raison nous guide et nous éclaire, mar-
chons en vue du bien. « Et vous qui m'écou-
» tez, je vous dis : aimez vos ennemis;
» faites du bien à ceux qui vous haïs-
» sent.

» Bénissez ceux qui font des impréca-

» tions contre vous, et priez pour ceux
» qui vous calomnient. » (*S. Luc*, ch. vi,
v. 27 et 28.)

— 🙰 —

SOIXANTE-DEUXIÈME ENTRETIEN.

Nuages. — Pluie. — Gelée blanche. — Givre. — Neige.

Le Précepteur. — Nous avons trop parlé de l'atmosphère et des ballons, nuages artificiels, pour ne pas consacrer quelques mots aux vapeurs aqueuses qui s'élèvent du sein des grandes masses d'eau marines ou fluviales.

Georges. — Les brouillards et les nuages diffèrent-ils de nature?

Le Précepteur. — Le brouillard est un nuage en formation, et le nuage un amas de vapeurs que les vents poussent. C'est à ces deux masses aériennes que nous devons le phénomène de la pluie.

Louise. — A quel moment les nuages cessent-ils de se promener dans les airs?

Le Précepteur. — Les courants les poussent les uns sur les autres, et lorsque leur densité dépasse celle des couches atmosphériques, ils tombent en pluie.

GEORGES. — D'où provient la mauvaise odeur de certains d'entre eux ?

LE PRÉCEPTEUR. — Des miasmes qu'ils enlèvent aux marais et qui deviennent méphitiques pour les plantes et les animaux.

LOUISE. — Tous les brouillards sont-ils malsains ?

LE PRÉCEPTEUR. — Il y en a dont l'effet est salutaire : tels sont ceux de la Saône pour les poumons faibles ou malades. Les brouillards et les nuages sont un voile jeté entre nous et l'azur des cieux ; souvent ils ne nous en cachent qu'une partie ; d'autres fois ils couvrent toute la voûte éthérée et le soleil n'existe plus pour nous. Mais que de charmes nous offre la nature quand on entend gronder au loin le tonnerre, quand l'éclair sillonne le ciel, et que les nuages se pressent comme pour un rendez-vous général ! La foudre éclate, les fontaines du ciel se rompent, la pluie tombe en gouttes serrées ; puis bientôt les ruisseaux s'écoulent, l'arc-en-ciel dessine son disque dans les cieux ; le soleil réparateur se montre plus brillant, les arbres paraissent plus verts, et l'homme, pour qui les passions sont aussi des orages, éprouve à ce réveil de la nature un calme qui est pour son ame une bienfaisante rosée.

Louise. — La gelée blanche ne résulte-t-elle pas de l'évaporation ?

Le Précepteur. — C'est une rosée refroidie. Le givre est aussi une congélation de même nature, une légère vapeur à l'état de glace. Quand le froid est excessif, il se forme sur les vitres, à l'intérieur des appartements, une couche de givre.

Georges. — D'où vient cela si la chambre est chaude ?

Le Précepteur. — Plus elle contient de calorique, plus elle contient de vapeur, qui, bientôt condensée sur les vitres par le froid que leur communique l'air extérieur, forme une couche de glace plus ou moins épaisse.

Georges. — Le suintement des murs au moment du dégel a-t-il du rapport avec les effets du givre ?

Le Précepteur. — Les murs, soumis à une longue gelée, sont, au moment du dégel, plus froids que l'atmosphère soudainement chargée de vapeurs chaudes qui se déposent et se condensent partout, comme une rosée. Le verglas est une pluie fine gelée à la surface du sol.

Louise.— Une cause en rapport avec les précédentes produit sans doute la neige?

Le Précepteur. — Ce phénomène est le résultat d'une petite pluie que le froid des régions de l'atmosphère condense.

Georges. — La neige ne tient-elle pas le milieu entre la grêle et la pluie ?

Le Précepteur. — Elle est en effet moins solide que l'une, et plus compacte que l'autre.

Louise. — Qu'est-ce que le grésil ?

Le Précepteur. — Une sorte de grêle bâtarde, à faces sexagones . qui tombe au commencement du printemps. Ces combinaisons atmosphériques, simples sous l'analyse, sont, en général, peu ou pas connues, en raison même de leur simplicité ; il en est ainsi de tout ce que Dieu place sous la main de l'homme. L'esprit approfondit mal ce qui le frappe tous les jours, il s'accoutume aux merveilles à force d'en voir, et ne s'arrête pas même à la plus grande, Dieu tout - puissant ! A chaque pas cependant, c'est la main qui le guide, qui lui fait passer en revue les richesses de la terre, afin qu'il comprenne que si tant de choses nous ont été données par le temps, nous en posséderons de meilleures encore pour l'éternité! La terre et ses épreuves pour cinquante, pour quatre-vingts années, le ciel pour toujours : ne répudions pas cet héritage ! Voir face à face la gloire du Très-Haut, assister au concert que lui donnent les anges, n'est-ce pas, au terme d'une vie chrétienne, la plus douce des récompenses ?

SOIXANTE-TROISIÈME ENTRETIEN.

La vapeur.

LE PRÉCEPTEUR. — L'homme a soumis les eaux et les vents à sa puissance, voyons comment Dieu lui permet d'emprisonner la vapeur pour s'en faire un puissant agent de la locomotion.

GEORGES. — A quelle époque le génie humain s'appropria-t-il la vapeur ?

LE PRÉCEPTEUR. — Salomon de Caux fit, en 1615, la description d'une machine propre à élever l'eau par la seule force de la vapeur. En 1663, Papin inventa la soupape de sûreté et l'appliqua aux marmites à haute pression, connues depuis sous le nom d'autoclaves. Ce fut lui qui, le premier, eut l'idée d'appliquer la vapeur à la navigation. Les machines à piston sont de son invention, de même que la combinaison de la pression de la vapeur avec son condensateur, autrement dit machine atmosphérique. Quarante-sept ans après, c'est-à-dire en 1710, il inventa une machine à haute pression et à balancier sans condensateur. En 1767, Watt perfectionna ces machines.

GEORGES. — Comment la vapeur peut-elle remplacer les chevaux ?

LE PRÉCEPTEUR. — Dès que l'eau contenue dans un cylindre est arrivée à cent degrés, elle s'échappe, et par sa force de pression, met en mouvement un double balancier qui, en revenant sans cesse sur lui-même et aboutissant à l'essieu des roues d'une voiture ou d'un bateau, pousse en avant la machine qui lui est confiée. La vapeur s'applique maintenant à presque toutes les branches d'industrie, et multiplie les produits à l'infini. Il y a des locomotives en

mer qui ont la force de quatre cents chevaux.

Louise. — Papin était-il Français?

Le Précepteur. — Oui; mais le Gouver-
nement ne l'ayant pas secondé, il passa
en Angleterre, où ses expériences furent
poussées avec activité.

Georges. — Comment arrête-t-on le
mouvement d'une machine à vapeur?

Le Précepteur. — Le tuyau aboutissant
du cylindre au condensateur, est pourvu
d'un robinet qu'on tourne à volonté, et
qui, tantôt laisse passer la vapeur dans le
tuyau par lequel le balancier est mis en
mouvement, tantôt la laisse s'échapper.

La vapeur naturelle est celle qui se dé-
tache de la terre à l'état de nuage ou de
brouillard. La vapeur artificielle est celle
dont on provoque l'émission par l'eau bouillante.

Georges. — Les vapeurs terrestres s'élè-
vent-elles en toutes saisons?

Le Précepteur. — Le dégagement est
moins fort en hiver qu'en été, mais il a
toujours lieu; la chaleur produit de la vapeur, le froid produit de la gelée; chaque

saison a ses avantages et ses inconvénients.

Louise. — Quelle cause produit la grêle,
que nous ne voyons tomber qu'en été, alors
que la température semble douce?

Le Précepteur. — Il est vrai que c'est
aux jours les plus chauds de l'année qu'elle
se produit, avant ou après un orage. Les
nuages chargés de grêle semblent avoir
beaucoup de profondeur, dit M. Arago,
et se distinguent des autres nuages ora-
geux par une nuance cendrée très-mar-
quée; leurs bords offrent des déchirures
multipliées; leur surface présente çà et là
d'immenses protubérances irrégulières, et
semble gonflée.

Louise. — Ces nuages planent-ils au-dessus des autres?

Le Précepteur. — Ils sont beaucoup
moins élevés, et paraissent se déchirer avec
une grande force.

Georges. — La grêle n'est-elle pas funeste
aux récoltes?

Le Précepteur. — Elle les brûle.

Louise. — A quoi attribue-t-on sa formation?

Le Précepteur. — Aux effets de l'électricité, qui agit d'une manière puissante sur eux. Lorsqu'un nuage de grêle se rompt, les grêlons qu'il produit sont, en général, de même forme et de même dimension; mais il n'est point rare de remarquer de grandes différences entre les grêlons de deux nuages tombés à peu de distance l'un de l'autre.

GEORGES. — Les grêlons sont-ils quelquefois gros?

LE PRÉCEPTEUR.—On en a vu d'une demi-livre : en 1788, la grêle tomba en France sur mille trente-neuf paroisses qu'elle dévasta entièrement ; on évalua les dégâts de ce fléau à 24,962,000 francs.

GEORGES. — Par quelle force ces masses glacées se soutiennent-elles dans l'air?

LE PRÉCEPTEUR. — Les grêlons se forment aux jours les plus chauds; mais les nuages qui les portent sont de beaucoup au-dessous de la hauteur à partir de laquelle il règne dans l'atmosphère une température au-dessous de zéro, selon M. Arago.

LOUISE. — Comment ces nuages sont-ils gelés?

LE PRÉCEPTEUR. — Volta et plusieurs

autres physiciens ont pensé que leur refroidissement avait lieu par l'évaporation.

Louise. — Comment cela?

Le Précepteur. — Une couche liquide qui passe à l'état de vapeur emprunte aux corps dont elle est entourée une portion de leur chaleur; plus l'évaporation est considérable, plus le froid qu'elle occasionne a d'intensité. Vers le milieu de la journée, ces nuages éprouvent, par l'excès de la chaleur du soleil, une évaporation très-forte, parce qu'ils se trouvent dans un milieu très-sec.

En outre, l'électricité exerce en même temps un pouvoir immédiat sur eux.

Georges. — L'évaporation d'un nuage électrisé est-elle plus considérable que celle des autres nuages?

Le Précepteur. — Sans contredit, les vésicules creuses dont les grêlons sont formés, grossissent en quelques minutes ou en quelques heures, et il n'est point rare d'entendre comme un roulement de pierre dans la direction du nuage qui les porte.

Louise. — N'a-t-on rien à opposer aux dégâts de la grêle?

Le Précepteur. — On fait usage contre eux du paragrêle.

Georges. — Son emploi est-il général?

Le Précepteur. — Les agriculteurs n'en ont pas tous apprécié l'usage, mais le temps le leur fera adopter.

Louise. — Ainsi le grésil, la neige, la grêle, tout cela est produit par le froid.

Le Précepteur. — Et le froid, à son tour, résulte de l'intensité des courants d'air, dont nous nous occuperons à notre premier entretien. Ces phénomènes aériens, considérés en général comme de véritables fléaux, ont un côté digne de tout notre intérêt. Et d'abord, la neige répandue sur les terres ensemencées, loin de leur être nuisible, les garantit contre le froid, les fume, les arrose. La grêle est désastreuse, il est vrai, mais par la surveillance qu'elle exige, combien de sages précautions sont prises qui préservent les récoltes contre d'autres dangers! Un nuage gris se montre à l'horizon, il approche, on peut le craindre; les ceps sont abrités, la récolte préservée, et cependant le nuage a passé comme pour crier : *garde à vous.* Garde à vous ! que ce cri soit le nôtre à toute heure, en tous lieux, car il est des dangers contre lesquels nous sommes sans armes, et qui, semblables à la grêle , nous prennent à l'improviste, et nous brisent si nous ne sommes d'avance préparés contre leurs attaques. Ces dangers ce sont nos passions, les grêlons ce sont nos désirs ; notre seule défense c'est la religion telle que l'a faite l'Agneau de Dieu, l'Oint du Seigneur ! Nous n'avons ni champs ni vignes à préserver des fléaux de la grêle, mais nous avons une ame à sauver, et pour son salut prions afin que les orages de la vie passent sur nos têtes sans les briser. Quand les nuages chargés de grêle approchent, le pâtre, averti d'un danger, presse le pas de ses moutons et regagne la bergerie. Nous aussi, nous avons eu un bon berger qui est venu pour sauver son troupeau ; méconnaîtrions-nous sa voix quand il nous crie : garde à vous ! Oh ! veillons par la charité, veillons par les bonnes œuvres ; Dieu ne nous a pas en vain rachetés.

« La charité est patiente, elle est douce
» et bienfaisante. La charité n'est point en-
» vieuse, elle ne gonfle point d'orgueil,
» elle n'est point dédaigneuse, elle ne se
» pique et ne s'aigrit de rien, elle n'a point
» de mauvais soupçons. Elle ne se réjouit
» point de l'injustice ; mais elle se réjouit
» de la vérité. Elle supporte tout, elle croit
» tout, elle espère tout, elle souffre tout. »
(*S. Paul aux Corinth.*, ch. XIII, v. 4, 5,
6, 7.)

Ayons donc la charité, aidons à celui qui
craint pour les récoltes, prévenons le cou-
pable, consolons l'affligé. La charité veut
toutes ces choses, et rien n'est saint sans
la charité.

— ❧ —

SOIXANTE-QUATRIÈME ENTRETIEN.

Les vents.

LE PRÉCEPTEUR. — Les liquides qui s'é-
vaporent, les plantes qui transpirent, les
matières qui se décomposent, se perdent
dans l'atmosphère et contribuent à la formation des vents ou des nuages.

Louise. — Comment sait-on que tout cela passe dans l'atmosphère?

Le Précepteur. — Que reste-t-il à la fin de l'hiver dans un foyer où le feu a toujours été maintenu? un peu de cendres.

Que sont devenues la fumée et la chaleur? Il faut en demander compte au fluide répandu dans l'espace.

Georges. — Les liquides qui ne sont pas soumis à l'ébullition s'évaporent-ils aussi?

Le Précepteur. — Ils sont sans cesse attirés et absorbés par l'atmosphère : un vase rempli d'eau finit par être vide s'il n'est ni couvert ni exposé à la pluie. Pour les corps volatilisables, tels que l'alcool, l'essence de térébenthine, l'alcali, etc., l'évaporation est encore bien plus rapide.

Georges. — A-t-on pu apprécier la hauteur de l'atmosphère?

Le Précepteur. — On ne lui suppose pas plus de quinze à vingt lieues d'élévation.

Louise. — Quelles sont les causes des vents?

Le Précepteur. — On en connaît de deux sortes ; celles qui résultent de l'impulsion et celles qui résultent de l'aspiration. Le feu qui s'allume par le soufflet, s'allume par impulsion; celui qui est attiré par l'air dans un tuyau de poêle, s'allume par aspiration : cette dernière cause est la plus générale. Un espace est occupé par des nuages qui se résolvent en pluie; soudain les fluides gazeux prennent possession de la place qu'ils ont laissée vide : de là naissent les courants d'air.

GEORGES. — Qu'appelez-vous vents alisés ?

LE PRÉCEPTEUR. — Ceux qu'on désigne sous le nom de réguliers ; ils règnent ordinairement entre les tropiques, et soufflent de l'est à l'ouest.

LOUISE. — D'où résulte le phénomène qui les produit ?

LE PRÉCEPTEUR. — De la dilatation que les rayons du soleil produisent sur la température de la zône torride.

GEORGES. — Comment cela ?

LE PRÉCEPTEUR. — Cette partie de la terre étant limitée par les tropiques , la masse d'air qui s'y trouve réunie s'élève au-dessus de l'atmosphère et forme des courants d'air chaud qui se dirigent vers les pôles, tandis que d'autres les remplacent vers la zône. L'air supérieur qui marche dans le sens des pôles est chaud ; l'air inférieur qui se rapproche de la zône torride est froid. Ce mouvement vient surtout de ce que la terre, en tournant sur elle-même, imprime aux corps qui se trouvent à sa surface une impulsion qui, à peine sensible sous les pôles, augmente d'intensité vers l'équateur.

Louise. — Qu'est-ce que les moussons ?

Le Précepteur. — Des vents réguliers qui soufflent pendant six mois et changent de direction en raison des variations de température. Les vents appelés *brise de mer* soufflent du matin au soir vers la terre, et du soir au matin vers la mer.

Georges. — D'où vient ce changement ?

Le Précepteur. — La terre étant plus chaude que la mer pendant le jour, les couches d'air qui la couvrent se dilatent et sont remplacées par des couches plus froides. La mer étant au contraire plus chaude pendant la nuit, les vents froids de la terre viennent remplacer les gaz qui s'élèvent de son sein : c'est un mouvement constant de va-et-vient, substituant sans cesse le froid à la chaleur, poussant les nuages et servant d'instrument passif à la Providence pour porter l'équilibre partout où il est nécessaire. On compte trente-deux vents principaux partant des quatre points cardinaux et modifiés sous les noms de vents du sud-est, sud-ouest, nord-est, nord-ouest, etc. Les vents sont chauds, froids ou humides, sains ou malsains, suivant l'espace qu'ils parcourent et les lieux d'où ils viennent.

Louise. — Qu'appelle-t-on ouragan ?

Le Précepteur. — Des vents qui soufflent des quatre côtés et qui sont funestes, parce qu'ils marchent avec une vitesse de vingt lieues à l'heure, pendant un espace de plusieurs centaines de lieues, sans que leur force soit diminuée. Comme l'avalanche, ils semblent grossir en roulant, et comme les vagues, ils se brisent de distance en distance, pour entraîner sans cesse des tourbillons de poussière.

Louise. — D'où proviennent les différentes espèces de vents ?

Le Précepteur. — Les uns sont humides, parce qu'ils ont traversé les mers ou les fleuves ; d'autres sont secs, parce qu'ils parcourent des plaines arides; enfin, il y en a d'impurs, parce qu'ils passent sur des marais corrompus.

Louise. — N'y a-t-il pas moyen de purifier certaines localités ?

Le Précepteur. — On le pourrait en desséchant les marais ou en y creusant des bassins lacustres. Ce n'est pas l'eau qui rend un pays malsain, ce sont les évaporations vaseuses, ou le séjour de corps en putréfaction dans des eaux stagnantes. Mais de quel effet salutaire ne sont pas les vents, lorsque les nuages semblent s'être enfuis par delà la terre habitable ; lorsque la végétation ne reçoit plus d'humidité que par le passage de ces agents actifs de la volonté divine. Les mers suivent une direction régulière; par leur puissance, les vents remplissent une lacune immense que n'occuperaient pas les eaux. Un habile général, pour entrer en campagne, distribue ses troupes selon leurs armes; il échelonne l'infanterie sur les hauteurs ; il confie à la cavalerie les extrémités de la plaine, tandis que les tirailleurs vont inquiétant l'ennemi et protégeant tour-à-tour les parties faibles de l'armée. Les vents sont à la nature ce

que ces derniers sont à un corps militaire
bien organisé ; ils portent le trouble sur
certains points, mais ils maintiennent partout l'équilibre : la volonté de Dieu leur
sert de frein ! Et que ne soumettrait-il pas
à sa puissance, lui qui connaît nos pensées
avant que nous ne les connaissions nous-
mêmes ! Les hommes peuvent se tromper
dans leurs vues, Dieu est sûr des siennes,
car il fait toutes choses du haut de son in-
faillibilité. « Les règles de la justice hu-
» maine nous peuvent aider à entrer dans
» les profondeurs de la justice divine dont
» elles sont une ombre, mais elles ne peu-
» vent pas nous découvrir le fond de cet abî-
» me. » (BOSSUET, *Discours sur l'Histoire
Universelle.*)

SOIXANTE-CINQUIÈME ENTRETIEN.

Trombes. — Aérolithes.

LE PRÉCEPTEUR. — Un météore qui. par
sa marche, tient de la nature des vents. et
qu'on attribue à tort à l'électricité, c'est
celui qu'on désigne sous le nom de trombe.

Louise. — Quelle est la forme d'une trombe?

Le Précepteur. — Celle d'une colonne d'eau et d'air, mue en tournant par le vent, et qui, par une extrémité, tient à un nuage, et par l'autre à la surface de la mer ou d'une rivière. Lorsqu'une trombe se forme sur la mer, elle soulève les eaux, renverse les navires, arrache les mâtures et signale sa puissance par d'horribles sinistres.

Georges. — Y a-t-il des trombes de terre?

Le Précepteur. — Oui, et ces dernières portent souvent des matières embrasées en même temps que des masses liquides, qui tombent sur la terre en un seul poids, abattant, renversant tout ce qu'elles rencontrent.

Louise. — Qu'est-ce qu'une aérolithe?

Le Précepteur. — Un météore fort curieux, qu'on a pris longtemps pour une pluie de pierres détachées du globe, et qui n'est autre chose qu'un petit corpuscule ou corps ayant de l'action pour notre planète.

Georges. — A-t-on toujours observé les aérolithes?

Le Précepteur. — La matière dont ils sont formés n'apparaît qu'à la quatrième époque, qui est celle dans laquelle nous nous trouvons.

Louise. — Ces météores sont-ils rares ?

Le Précepteur. — Il en tombe toutes les années sur différents points du globe ; les matières qu'ils fournissent sont chargées de fer, de nickel, etc., etc.

Georges. — Les aérolithes ont-elles une marche régulière ?

Le Précepteur. — On suppose qu'à un certain moment ces corps, qui sont pour la terre comme autant de satellites, entrent dans son atmosphère, et par la puissance d'attraction, ne tardent pas à tomber sur elle. D'autres prétendent que les aérolithes ne sont que des produits de volcans de la lune, et, enfin, quelques uns supposent que deux corps célestes, en se heurtant violemment, donnent naissance au phénomène qui les produit. Ainsi la terre, dont le mouvement à l'équateur est de sept lieues par minute, dut, à l'époque du déluge universel, se heurter avec violence contre un autre corps.

Louise. — Le déluge en résulta-t-il ?

Le Précepteur. — Deux billes qui se heurtent s'arrêtent mutuellement avant de rouler de nouveau ; la terre, rencontrée par un autre corps, fut de même arrêtée, et, les eaux continuant leur marche avec la rapidité de sept lieues par minute, qu'elle leur avait imprimée, elle fut bientôt inondée à sa surface. Lorsque deux corpuscules se rencontrent, le choc du plus puissant endommage le plus faible ; ces parties brisées forment, à ce qu'on croit, les masses que nous connaissons sous le nom d'aérolithes.

Louise. — Ces blocs minéraux ont-ils de l'analogie avec la croûte solide du globe ?

Le Précepteur. — Ils sont tout-à-fait de même nature, ce qui prouve que la Providence a tiré du même fond la matière générale des mondes.

Georges. — Qu'appelle-t-on aurore boréale ?

Le Précepteur. — Un météore lumineux qu'on observe souvent vers le Nord, rarement dans les climats tempérés, et jamais sous la zône torride.

Louise. — A quelle heure commence-t-on à l'apercevoir ?

Le Précepteur. — Entre dix et onze heures du soir ; sa clarté est semblable à celle de l'aube du jour ; sa figure est circulaire et présente des bandes obscures à travers un cercle lumineux , dont le centre se trouve sur le méridien magnétique indiqué par l'aiguille d'une boussole. De ces divers points obscurs s'échappent des jets de lumière qui se renouvellent comme des éclairs et forment, au point vers lequel se dirige une aiguille aimantée, une nuée flamboyante, terminée par une couronne aux couleurs les plus variées.

La cause qui détermine les phénomènes nocturnes est jusqu'à ce jour inconnue; cependant elle paraît avoir beaucoup de rapport avec le fluide qui anime les aiguilles aimantées. Vers l'an 1332 , ces aiguilles firent inventer la boussole à Flavio-Gioia , du royaume de Naples.

Georges. — Les aurores boréales ne précèdent-elles pas les orages ?

Le Précepteur. — Elles ont lieu comme eux, en été, mais seulement le soir. Merveilles infinies de mon Dieu, où vous arrêtez-vous, où sont vos limites? Le monde vous raconte depuis des siècles, tous les siècles futurs vous rendront témoignage, et moi dont la voix est si faible, j'ose entonner des chants de gloire! Mais qui suis-je pour tant d'orgueil? J'ai vu les volcans bondir de leurs cratères, j'ai suivi les vagues écumantes de l'Océan, et ma langue ne s'est point glacée de terreur! La foudre a grondé sur ma tête, les vents ont soufflé des quatre côtés, et je n'ai pas tremblé! Les cercueils ont succédé aux cercueils, j'ai entendu les chants de mort, les glas funèbres, et en pensant que moi-même je peux mourir demain, mon cœur n'a pas battu plus fort, ma main n'est pas devenue froide! Ah! c'est que je sais depuis des années et encore des années, que *celui qui meurt corps mortel ressuscite corps spirituel!* Heureux privilège de la résurrection, qui nous a été donné par Jésus-Christ; oui, l'homme en quittant cette terre a d'autres espérances : « La bête connaît-elle le cercueil, et s'inquiète-t-elle de ses cendres? Que lui font les ossements de son père? Ou plutôt, sait-elle quel est son père, après que les besoins de l'enfance sont passés?

D'où nous vient donc la puissante idée que nous avons du trépas? Quelques grains de poussière mériteraient-ils nos hommages ? Non, sans-doute ; nous respectons les cendres de nos ancêtres, parce qu'une voix nous dit que tout n'est pas fini en eux. Et c'est cette voix qui consacre le culte funèbre chez tous les peuples de la terre : tous sont également persuadés que le sommeil n'est pas durable même au tombeau, et que la mort n'est qu'une transfiguration glorieuse. » (CHATEAUBRIAND , *Génie du Christianisme.*)

SOIXANTE-SIXIÈME ENTRETIEN.

De quelques lois générales de la physique. — Causes du froid et de la chaleur. — Baromètre.

LE PRÉCEPTEUR. — La perfection des œuvres de Dieu se montre dans la vie de l'être microscopique comme dans la vie de l'univers. Le soleil qui fait les saisons, la lune qui colore les nuits, le froid et la chaleur, tout cela est son ouvrage ; il donne la semence et la fait fructifier ; il donne le froid et la chaleur, qui tour à tour ont leur utilité.

LOUISE. — A quelles causes attribue-t-on les effets du froid?

LE PRÉCEPTEUR. — Aux changements des courants d'air et à la direction du soleil relativement à nous.

GEORGES. — Qu'appelle-t-on bise?

LE PRÉCEPTEUR. — Le vent du nord qui nous arrive des terres polaires et gèle nos lacs, nos rivières, souvent même nos fleuves. Le vent du midi produit au contraire des effets subits de chaleur.

LOUISE. — Pourquoi le temps est-il toujours clair par une forte gelée?

LE PRÉCEPTEUR. — Parce que, sous une atmosphère translucide, la terre rayonne davantage.

GEORGES. — Rien ne peut-il changer la direction du vent?

LE PRÉCEPTEUR. — Ces changements sont très-fréquents; un vent du nord peut être chaud s'il est réfléchi par un corps regardant au sud; à son tour, le vent du midi peut devenir froid, s'il passe par des montagnes couvertes de glace.

La gelée et le dégel se remplacent souvent plusieurs fois pendant l'hiver par les brusques transitions du froid au chaud;

mais la température la plus basse est, en général, celle du mois de janvier.

Louise. — D'où vient la différence de climat entre des terres qui souvent s'avoisinent ?

Le Précepteur. — Des configurations de terrains ; un fleuve, une montagne peuvent contribuer beaucoup aux effets du froid ; mais l'art vient en aide à la nature, et oppose des barrières au vent comme il oppose des digues à l'eau.

Georges. — Les bords de la mer sont-ils plus froids que l'intérieur du continent ?

Le Précepteur. —Quoique cette grande surface liquide absorbe peu et rayonne moins que les terres, la température des îles est en général plus froide, plus humide et presque toujours plus variable ; telle est l'Angleterre, sous son ciel de brouillards et de charbon houiller. Il faut bien le reconnaître, notre climat, sous tous les rapports, est le plus favorisé de la terre par sa température régulière ; et, comme les conditions de bien-être moral dépendent presque toujours des conditions de bien-être physique, le peuple français, sur l'échelle des nations, est le premier peuple du monde. La Providence a donné à la France un sol dont les nombreux produits s'exportent jusqu'aux points les plus reculés de la terre ; riche en troupeaux , en végétation, sous une atmosphère douce , cette contrée n'éprouve jamais de dangereuses transitions.

GEORGES. — Est-ce le thermomètre qui indique les changements de température ?

LE PRÉCEPTEUR. — Il fait connaître les degrés de froid ou de chaleur ; pour apprécier la pesanteur de l'air et les moindres changements atmosphériques, on se sert du baromètre , instrument inventé par Toricelli en l'an 1643.

LOUISE. — Ainsi le poids de l'atmosphère est parfaitement connu ?

LE PRÉCEPTEUR — On n'a plus aucun doute à cet égard ; l'air est un corps pondérable qui enveloppe tout le globe terrestre et pèse sur lui avec plus ou moins d'intensité. Il se raréfie et devient de moins en moins pesant , à mesure qu'on s'élève dans les hautes régions , et il acquiert plus de pesanteur à mesure qu'on se rapproche de la terre.

Georges. — Comment compose-t-on un baromètre ?

Le Précepteur. — Supposez un tube de la longueur d'un mètre, chargé de mercure à l'état parfaitement pur ; ce corps, malgré sa pesanteur, monte plus ou moins dans le tube, où l'air extérieur le dilate, le comprime et le maintient à une hauteur de 28 pouces environ, c'est-à-dire à plus des deux tiers de la hauteur du tube.

Louise. — Quelle cause le fait monter?

Le Précepteur. — Plus la colonne d'air qui le presse a de poids, plus il s'élève ; il descend, au contraire, si elle devient moins pesante.

Georges. — Que signifie le mot baromètre?

Le Précepteur. — Mesure de poids. On gradue cet instrument par centimètres ou pouces, en faisant usage d'une cuvette de mercure. Le meilleur baromètre connu est celui de Fortin, à cause de son niveau constant et de sa parfaite précision. Il en est un autre dont l'usage s'est généralisé, à cause de la figure à cadran qui l'accompagne.

Louise. — Le baromètre à cadran n'indique-t-il pas les variations atmosphériques au moyen d'une aiguille ?

Le Précepteur. — Précisément ; cette aiguille, destinée à parcourir les divisions du cadran, tient à une poulie à laquelle sont suspendus deux petits poids qui se font équilibre, et dont l'un aboutit légèrement à la surface du mercure, pour en suivre les mouvements sans le déprimer jamais. Si l'atmosphère augmente en pesanteur, ce poids descend avec le mercure de la plus courte branche du tube ; alors le contre-poids s'élève, de manière à ce que l'extrémité de l'aiguille occupe la partie supérieure du cadran. Si, au contraire, l'atmosphère devient plus légère, le mercure monte dans le petit tube, le contre-poids descend, et l'aiguille occupe alors la partie inférieure du cadran.

Georges. — Quelle est la partie du cadran qui indique le beau temps ?

Le Précepteur. — Le point le plus élevé ; le mauvais temps est indiqué par le point le plus bas ; les termes intermédiaires sont désignés par les noms de *variable*, *pluie*, *vent*, etc.

Georges.—Ainsi, une colonne de mercure de 28 pouces de hauteur représente une colonne d'air prise de la partie la plus basse à la partie la plus élevée de l'atmosphère ?

Le Précepteur. — C'est ce que prouve l'évidence des faits.

Louise.— L'eau étant moins pesante que le mercure, quelle hauteur donne-t-on à une colonne d'eau propre à faire équilibre à une colonne d'air ?

Le Précepteur. — Environ 32 pieds, ce qui présente de grandes difficultés d'exécution.

Georges. — Quel poids la pression de l'air exerce-t-elle sur l'homme ?

Le Précepteur. — Elle est considérable, et cependant il ne la sent pas. Un homme ordinaire occupe une surface d'air de 150 décimètres carrés, et porte, par conséquent, plus de 30,000 livres de pression atmosphérique. Un homme de haute taille en porte environ 40,000 pour une surface de 200 décimètres.

Louise. — Comment un tel poids ne l'écrase-t-il pas ?

Le Précepteur. — L'air atmosphérique nous presse de toutes parts ; mais la Pro-

vidence nous a donné le moyen de lui opposer une force égale.

GEORGES. — De quelle manière ?

LE PRÉCEPTEUR. — Nos poumons, par
leur appareil respiratoire, exercent du dedans au dehors la même action que l'air
exerce sur eux du dehors au dedans; on
comprend, dès-lors, que les corps ne soient
point écrasés sous le poids d'une puissance
dont l'action est neutralisée.

LOUISE. — Par quel singulier prodige
l'air atmosphérique peut-il presser un corps
dans toutes ses parties?

LE PRÉCEPTEUR. — En raison de l'élasticité dont il est doué. Lorsqu'il est en
équilibre sous une pression quelconque, il
maintient par son élasticité cette force de
pression. Par exemple, l'air des appartements est pressé par les colonnes d'air extérieur, et la condition de son repos est
dans la force de résistance que son élasticité oppose dans une égale proportion.
Plus l'air éprouve de pression, plus son
volume diminue, ainsi que l'a démontré le
physicien Mariotte.

GEORGES. — Qu'appelle-t-on poids d'une
atmosphère?

Le Précepteur. — Celui qui équivaut à une colonne de 28 pouces de mercure. On dit d'un poids double, qu'il vaut deux atmosphères, ainsi de suite, suivant la pesanteur reconnue. Il y a des machines à vapeur dont les soupapes sont chargées d'une pesanteur égale à celle de 25, 50 ou 100 atmosphères.

Louise. — L'air étant plus dilaté à mesure qu'on s'élève, quel degré donne le baromètre au niveau de la mer?

Le Précepteur. — Il marque 28 pouces, et vous voyez comment on est parvenu à connaître, par ce moyen, les causes qu'autrefois on appelait occultes, c'est-à-dire inconnues ou incomprises. Sa science est à la nature ce que le christianisme est à la religion, une véritable révélation.

Dieu a mis au cœur de quelques hommes le désir de connaître et le moyen de trouver; leur intelligence est la lumière des nations, ils la répandent autour d'eux et donnent occasion à leurs semblables d'admirer, par leur génie, la sagesse du Créateur.

Ainsi les uns s'appliquent à le connaître, les autres à le servir; que chacun s'applique à lui rendre grâce, nul ne devant être dispensé envers lui de reconnaissance. La nature et ce qui l'embellit, la vie et ce qui en fait le charme, nous tenons tout de Dieu ; reportons-lui donc notre gratitude et subordonnons les ressources de notre intelligence à cette intelligence suprême, dont la bonté fait l'essence ! Ayons confiance en notre Seigneur, mettons en lui notre espérance, notre foi ; car dans la foi seule est la force : « Foi céleste ! foi consolatrice ! tu fais plus que de transporter les montagnes ; tu soulèves les poids accablants qui pèsent sur le cœur de l'homme » (CHA-TEAUBRIAND, *Génie du Christianisme.*)

— ❧ —

SOIXANTE-SEPTIÈME ENTRETIEN.

Du vide.

LE PRÉCEPTEUR. — En raison de sa subtilité, l'air est souvent chassé de certains corps par des procédés particuliers à la physique : c'est ce qu'on appelle faire le vide.

LOUISE. — Quelles sont les machines propres à cet usage ?

LE PRÉCEPTEUR. — Les pompes pneumatiques ou machines à air. A l'aide d'un piston qui va et vient, ces pompes font le vide dans un vase quelconque, et facilitent certaines expériences de physique.

Georges. — Les pompes à eau ont-elles du rapport avec les pompes à air?

Le Précepteur. — Les unes et les autres sont mues par un piston, qui tantôt comprime de l'air et tantôt comprime de l'eau.

Louise. — A quelle hauteur peut être portée l'eau d'une pompe?

Le Précepteur.— A trente-deux degrés, c'est-à-dire au poids équivalant à une colonne d'air.

Georges. — Qu'est-ce que constater le poids ou la densité d'un corps?

Le Précepteur. — C'est reconnaître la quantité de matières qu'il contient. Supposons un liège surnageant sur l'eau, et un plomb se précipitant au fond: évidemment il y a là un corps plus léger et l'autre plus pesant que l'eau. En général on compare le volume des corps solides au volume de l'eau. Et lorsque le corps solide est plus pesant, à volume égal, on dit qu'il pèse une fois, deux fois plus que l'eau.

GEORGES. — A quoi compare-t-on le poids des corps gazeux?

LE PRÉCEPTEUR.— A l'air atmosphérique.

LOUISE. — Peut-on peser le calorique?

LE PRÉCPTEUR. — Sa subtilité le rend impondérable.

GEORGES. — Il est cependant composé de particules matérielles.

LE PRÉCEPTEUR. — On le pense, mais leur finesse échappe au poids; l'éther ne peut être justement apprécié.

LOUISE. — Quel est, de tous les corps solides, celui dont la conductibilité a le plus de puissance?

LE PRÉCEPTEUR. — C'est l'or; et si, en le prenant pour type, on le porte à 100, on aura:

Pour l'argent................ 97,3
Pour le cuivre................ 87,8
Pour le fer................ 37,5
Pour le plomb................ 17,9
Pour le marbre............. 2,3

LOUISE. — Les liquides sont-ils bons conducteurs de chaleur?

LE PRÉCEPTEUR. — Non; si un vase est chauffé par le bas, on voit s'échapper de son sein une quantité considérable de molécules, qui tendent à donner une température uniforme au liquide en ébullition, et forment un courant assez rapide.

GEORGES. — Qu'est-ce que la chaleur spécifique des corps ?

LE PRÉCEPTEUR. — Le degré qu'il leur faut pour atteindre à une unité de poids. Ainsi le fer, le soufre, l'eau, etc., pour passer de zéro à 100, ont des degrés différents de calorique.

LOUISE. — Le thermomètre sert-il à mesurer la chaleur spécifique ?

LE PRÉCEPTEUR. — Il ne peut indiquer que la chaleur apparente ; mais on évalue la chaleur spécifique en prenant tous les corps à la température de la glace, pour apprécier ce que chacun d'eux en peut fondre. Plus un corps fond de glace pour arriver à zéro, plus il renferme de chaleur combinée avec ses molécules.

GEORGES. — En physique, les expériences se font-elles toutes à l'aide de machines ?

LE PRÉCEPTEUR. — Il fallait bien créer ce que l'on n'avait pas pour avancer dans la voie des sciences.

Louise. — A qui doit-on l'invention de la machine électrique?

Le Précepteur. — A Ramsden, qui rendit ainsi possibles plusieurs opérations importantes.

Georges. — Qu'est-ce qu'un condensateur?

Le Précepteur. — Un appareil électrique formé de deux disques métalliques séparés par une couche non conductrice, comme de l'air, de la soie, du verre, etc., et destiné à être chargé des deux électricités négative et positive. Si rien ne met les disques en rapport, les deux électricités ne se réunissent point. Si on les touche alternativement ou ensemble, il y a une forte commotion, résultant des efforts qu'elles font pour se combiner. Supposons une personne touchant un disque de la main droite tandis qu'elle aura la gauche appuyée sur l'autre disque; les deux électricités cherchant à s'unir seront en contact par elle, et lui communiqueront une violente commotion. La bouteille de Leyde est un condensateur d'un autre genre, servant au même usage; elle fut découverte en 1746, par Muschenbroëk et Cuneus. En réunissant plusieurs bouteilles dont les panses communiquent entre elles, ainsi que les boutons, on compose une batterie électrique capable d'imprimer une commotion à mille ou quinze cents personnes.

Ces phénomènes artificiels, tout-à-fait identiques avec les phénomènes naturels, prouvent jusqu'à quel degré de perfection l'homme s'est élevé dans le domaine de la science; décomposant et recomposant sans cesse, il a, pour ainsi dire, pénétré les secrets de la création et multiplié les richesses de son intelligence. Dieu lui avait dit: « Aide-» toi, je t'aiderai. » Et quelle promesse fut jamais mieux tenue, quels bienfaits n'ont pas découlé de cette source de grâce ? L'homme, en communication avec l'Être-Suprême, l'a reconnu partout sans le voir nulle part. D'où vient donc que l'insensé dit encore en son cœur : « Il n'y a point de » Dieu. » Il n'y a point de Dieu ! Demandez au marin qui craint de voir engloutir son navire; à la mère qui tremble pour son fils ; à cette famille désolée qui vient de perdre son chef; et votre doute passera. Il n'y a point de Dieu ! mais où serait la récompense du juste, pour qui la vie n'est qu'une longue souffrance? Je n'ai pas vu le Seigneur, mais j'ai senti sa puissance et je crois en lui, comme je crois en des pays lointains dont on m'apporte les fruits! En quelque lieu que je pose le pied, quel que soit l'horizon que j'embrasse, la main de mon Dieu me soutient, son flambeau m'éclaire : pourquoi souillerais-je mes lèvres par des blasphèmes? L'enfant bien aimé de sa mère lui rend tendresse pour tendresse, et nous, pour de constants bienfaits, n'aurons-nous que de l'ingratitude? Dieu ne nous doit rien, nous devons tout à Dieu; rendons-lui hommage! Job, le juste, souffrit dans sa chair, mais il eut confiance, et celui qui l'avait frappé le délivra, parce que, aux jours de sa prospérité, « il avait été l'œil de l'aveugle et le pied du boiteux. » Ah! soyons, comme Job, humbles de cœur, et disons, au jour de la souffrance : « Seigneur nous sommes prêts. » Oui, soyons prêts à toute heure, car la mort, messagère du ciel, frappe où il lui est dit de frapper; ayons donc notre conscience en repos, la dernière heure est un mystère dont le ciel nous apprend le mot!

SOIXANTE-HUITIÈME ENTRETIEN.

Pile voltaïque. — Magnétisme.

LE PRÉCEPTEUR. — Pour former une force électro-motrice en quantités égales, le physicien Volta, de Pavie, imagina de superposer plusieurs feuilles de cuivre et de zinc, et réunit l'électricité négative sur les unes, et l'électricité positive sur les autres.

GEORGES. — Comment se composent ces piles?

LE PRÉCEPTEUR. — On place entre les plaques de cuivre et de zinc, une rondelle de drap ou de carton mouillé, qui joue le rôle de conducteur, et communique au cuivre une quantité d'électricité égale à celle qu'il renferme. Ainsi, de l'une à l'autre plaque, l'électricité est communiquée et augmentée de plus en plus. Si, au lieu de placer sur le sol la plaque de cuivre, on y place celle de zinc, on aura, au sommet de la pile, de l'électricité négative. Deux piles voltaïques, reposant sur le sol par deux éléments différents, soit l'une par le zinc l'autre par le cuivre, donnent l'électricité négative et positive, pouvant se combiner pour former un fluide.

Louise. — L'électricité des couples supérieurs a-t-elle un nom particulier?

Le Précepteur. — On nomme pôle positif la pile supérieure, et pôle négatif la pile inférieure.

Georges. — La pile devient-elle plus puissante en raison de son élévation?

Le Précepteur. — Il dépend du physicien d'augmenter sa force, et de pousser cette expérience plus ou moins. La pile à auges est celle dont les éléments de chaque couple métallique sont isolés et soudés entre eux. Un mastic non conducteur remplace les rondelles mouillées. On verse alors dans l'espace qui sépare les couples une eau nitrée, mêlée d'acide sulfurique, pour ajouter à la puissance électrique.

Georges. — Quels sont les effets de la pile ?

Le Précepteur. — Si l'on en touche les deux pôles avec les mains mouillées, on éprouve une commotion très-forte et souvent dangereuse, pour peu que le nombre des piles soit considérable. On a vu des animaux asphyxiés, rappelés à la vie par cette secousse, une demi-heure après leur mort apparente ; mais en général elle opère peu de cures et compromet presque toujours l'économie animale.

En revanche, elle réduit en vapeur les métaux que l'on place en fils déliés entre ses deux pôles ; elle opère des effets de combustion, et, en chimie, elle a donné lieu aux plus utiles découvertes, en décomposant l'eau, les oxydes, les acides, les sels, etc.

GEORGES. — Comment s'opère la décomposition de l'eau par la pile de Volta ?

LE PRÉCEPTEUR. — On plonge les fils conducteurs des deux pôles dans un vase plein d'eau, et soudain la décomposition s'opère : l'oxygène se rend au pôle positif, l'hydrogène au pôle négatif. Toutefois, ce sont les électricités contraires qui s'attirent. Les corps qui se rendent au pôle positif, sont appelés électro-négatifs ; ceux qui se rendent au pôle négatif sont appelés, au contraire, électro-positifs.

LOUISE. — Qu'appelle-t-on magnétisme ?

LE PRÉCEPTEUR. — La propriété qu'a l'aimant d'attirer le fer.

Georges. — Qu'est-ce que l'aimant lui-même ?

Le Précepteur.— Un oxyde de fer jouissant de la polarité magnétique : on le trouve dans les terrains primitifs et volcaniques : c'est le minéral qui fournit les meilleures qualités de fer. L'aimant est naturel quand on l'obtient pur du sein de la terre ; il est artificiel, quand on l'obtient de l'acier après quelques préparations qu'on lui fait subir. Ainsi que je l'ai dit déjà, le fluide magnétique a beaucoup de rapports avec le fluide électrique, et semble n'en être réellement qu'une modification.

Louise. — Le fer obéit-il seul à la puissance de l'aimant ?

Le Précepteur. — Le nickel et le cobalt sont aussi attirés par lui, quoique avec moins de puissance. Le magnétisme s'exerce par influence, mais le fer aimanté ne perd point sa force par le contact avec d'autres substances. Si un fer non magnétique est présenté à une barre d'aimant, il s'y attache et semble faire corps avec lui.

Georges. — Qu'appelle-t-on pôles de l'aimant ?

Le Précepteur. — Les parties extrêmes

où s'attache le fer ; le milieu où il ne s'artache point est appelé ligne moyenne.

Louise. — Le fer détaché de l'aimant conserve-t-il ses propriétés magnétiques ?

Le Précepteur. — Il les perd presque instantanément s'il est à l'état de fer doux, c'est-à-dire à l'état naturel. Travaillé, battu sous le marteau , il acquiert , comme l'acier, une puissance attirante appelée force coërcitive, qui empêche les deux fluides magnétiques de recomposer le fluide neutre.

Georges. — D'où vient que l'extrémité d'une aiguille placée sur un pivot est attirée par le pôle d'un aimant et repoussée par l'autre ?

Le Précepteur. — Le fluide magnétique se divisant comme le fluide électrique, il en résulte que l'aiguille, attirée par l'un, est repoussée par l'autre : si elle est sur un pivot horizontal, elle ne sera point en repos tant que l'une de ses extrémités n'aura pas le nord en face.

Georges. — Le globe terrestre exerce-t-il une action magnétique sur un corps aimanté ?

Le Précepteur. — Il semble agir sur lui comme l'aimant sur l'aiguille qu'il attire.

On a donné le nom de pôle boréal au pôle de l'aimant qui se tourne vers le nord, et celui de pôle austral à la partie tournée vers le sud.

Louise. — Les mêmes magnétismes s'attirent-ils?

Le Précepteur. — Il y a toujours entre eux attraction par opposition; ainsi, le pôle austral de l'aiguille se dirige vers le pôle boréal de la terre, tandis que le contraire a lieu pour le pôle austral.

Louise. — Quelle est la partie désignée sous le nom de méridien magnétique?

Le Précepteur. — Le plan qui passe par le centre de la terre et de la ligne qui joint les pôles de l'aiguille aimantée.

Georges. — Pour aimanter un acier, suffit il de lui faire toucher un aimant?

Le Précepteur. — Afin que cette aimantation soit durable, il faut frotter, à partir du milieu, chaque moitié avec les pôles des deux aimants, et répéter l'opération chaque jour pendant un certain temps.

Louise. — La position d'une aiguille aimantée portée au nord est-elle fixe?

Le Précepteur. — Elle subit des variations fréquentes par le mouvement du soleil d'une part, de l'autre par l'action des aurores boréales, des tremblements de terre, des éruptions volcaniques. On peut donc considérer le magnétisme comme lié à la nature du globe, par une de ces lois mystérieuses dont le secret n'appartient qu'à Dieu. Quelle que soit son intelligence, il y a toujours un point où l'homme s'arrête, parce que l'infini seul est illimité; mais cette distance à travers laquelle se montre la suprême sagesse, n'est-elle pas pour nous un nouveau sujet d'action de grâce? Nous sommes venus jusque là, nul n'est allé plus loin; que feraient nos fils, si nous avions parcouru, dans le domaine de la science, tout le champ des découvertes? La vie de l'humanité est une longue chaîne dont les anneaux se continuent de génération en génération, pour ne finir qu'avec le monde. Naître, grandir, travailler, mourir, voilà le lot commun à tous; qu'aucun ne s'en plaigne, Dieu ne nous a donné que ce qui nous est propre; les enfants, les invalides et les vieillards, ne prouvent-ils pas combien nous sont utiles, en leur virilité, les facultés de notre intelligence? Tous les jours de nouveaux secrets sont arrachés à la nature; quand elle n'en aura plus à dire, l'échelle du progrès sera parcourue, l'humanité se reposera au sein de Dieu. Homme qui te plains de vieillir, console-toi en tes enfants; savant dont les travaux sont une fatigue, ne demande à la gloire que ce qu'elle peut t'accorder de lauriers; industriel qui veux tout envahir, songe à tes neveux; artiste à l'ambition dévorante. repose-toi sur ton œuvre; et tous, quand notre tâche est remplie, au soir de la vie comme au soir d'un beau jour, attendons un doux repos au sein de notre Père céleste, car si nous avons dignement fait notre œuvre, sa main sera sur nous au siècle des siècles comme dès le commencement.

SOIXANTE-NEUVIÈME ENTRETIEN.

Acoustique — Optique. — Télescope. — Phare.

Le Précepteur. — Ecouter et entendre sont deux facultés propres à l'ouïe, cet organe dont nous nous sommes occupés déjà, et qui constitue l'acoustique, véritable science du son.

Georges. — Quelle place occupe l'écho dans les éléments de l'acoustique?

Le Précepteur. — On lui attribue différentes propriétés, mais il n'est, à proprement parler, que la répercussion ou le renvoi d'un son. Un agent quelconque met en vibration les molécules de l'air propres à produire des sons; si un obstacle se présente, soit un mur, une colonne, un massif d'arbres, etc., le son, comme la balle qui rebondit, revient aux lieux d'où il est parti et s'y répète.

Louise. — Faut-il à l'écho une distance prévue?

Le Précepteur. — Si l'obstacle qui répercute le son ne lui est pas perpendiculaire, ou n'a pas au moins trois cent quarante mètres de distance, l'écho sera confus.

Georges. — Pourquoi cela?

Le Précepteur. — Parce qu'il faut une seconde à la voix pour parcourir trois cent quarante mètres, et pas plus de temps à la parole pour prononcer trois ou quatre syllabes, ce qui laisse revenir la première avant le départ de la dernière; s'il existe

plusieurs obstacles, l'effet d'échore se reproduit plusieurs fois.

Louise. — Y a-t-il des lieux plus propres que d'autres aux échos?

Le Précepteur. — Les plaines humides,
les gorges de montagnes, et la nuit plutôt
que le jour, conviennent à ces singulières
combinaisons d'acoustique.

Georges. — Pourquoi la nuit particu-
lièrement?

Le Précepteur. — Parce que les courants auxquels donne lieu la présence du
soleil n'existent pas, et qu'ils font perdre
aux sons une partie de leur intensité,
en leur opposant une certaine force de résistance.

Georges. — Pour l'homme, la voix n'est-
elle pas placée dans le larynx?

Le Précepteur. — Le larynx est, en effet, l'organe où se trouve renfermée la
trachée artère, autrement appelée canal de
la voix. Chez les mammifères, qui n'ont,
comme nous, qu'une seule glotte, elle se
trouve placée près de la bouche; chez les
oiseaux, elle est, au contraire, près des
bronches, et cela explique comment le ca-
nard peut encore crier après avoir le cou

coupé. Ces effets de la portée et de l'émission de la voix, sont des merveilles infinies auxquelles on peut ajouter celles qui résultent des lois de l'optique, autre phénomène que le génie de l'homme a si admirablement appliqué à l'astronomie, science dubitative tant que les télescopes n'ont pas été connus. La lumière marche, comme la chaleur, avec une vitesse de soixante-dix mille lieues par seconde.

Louise. — Qu'est-ce que la pénombre ?

Le Précepteur. — La clarté que jette un corps lumineux sur un corps opaque qu'il ne peut éclairer en entier. L'instrument qui rapproche de nous les globes célestes, le télescope, nous donne une idée exacte de la position des mondes, de leurs rapports entre eux, des éclipses, ces pénombres périodiques, et de tous les phénomènes astronomiques qui se rapportent, soit à notre globe, soit à l'harmonie générale.

Louise. — Qu'est-ce qu'un télescope ?

Le Précepteur. — Un grand miroir concave qui donne une image réelle et renversée de l'objet vers lequel il est tourné. Le premier télescope fut composé en l'an 1609 ; Galilée s'en servit à Florence pour observer toutes les planètes.

Georges. — Comment une image est-elle redressée?

Le Précepteur. — Par un petit miroir qui la reçoit, et la renvoie à une loupe servant à l'examiner.

Louise. — De combien de verres se compose une lunette?

Le Précepteur. — De deux, savoir : l'un, tourné du côté de l'objet regardé, et qu'on appelle objectif: l'autre, tourné du côté de l'œil, qu'on appelle oculaire. L'un des verres de la lunette, soit la lentille, est la réunion de plusieurs prismes dont l'effet est de rapprocher les objets : on donne le nom de foyer au point central de la lunette, parce que les rayons viennent y aboutir. Des effets produits de la lentille sur la loupe, résultent les combinaisons de distance et de grosseur. Les objets arrivés au foyer de la lentille sont très-rapprochés, mais ils sont petits et la loupe les grossit ; c'est là l'utilité du télescope, dont le pouvoir grossissant va à plus de six mille fois.

Georges. — Qu'est-ce qu'un phare?

Le Précepteur. — Un faisceau lumineux élevé sur certaines parties de la côte pour éclairer les vaisseaux en mer. Autrefois le phare n'était qu'une espèce de lustre d'un effet assez borné ; aujourd'hui on parvient à porter sa lumière à douze milles en mer. Pour cela on a un foyer avec une lampe d'Argant à double courant, que la lentille empêche de dévier, et dont elle forme un faisceau de rayons parallèles. En imprimant un mouvement de rotation à la lentille, on porte la lumière des phares partout.

Georges. — Rien n'altère-t-il l'éclat de ces foyers ?

Le Précepteur. — Les différences de diaphanéité atmosphérique peuvent le diminuer, mais c'est déjà beaucoup que d'avoir un guide sûr, même sous un beau ciel. Les lentilles employées pour les phares ont maintenant plus d'un mètre, et comme il serait presqu'impossible de couler un verre de cette dimension ayant une épaisseur convenable, on fait des lentilles à échelons composées de plusieurs morceaux. Cette combinaison est d'autant plus favorable, que les rayons, à partir du centre de la lentille, aboutissent tous parallèlement au même foyer, tandis que les lentilles ordinaires les laissent s'émerger dans une direction parallèle.

Louise. — Quelle différence y a-t-il, pour la forme, entre le verre d'une lentille et le verre d'une loupe?

Le Précepteur. — Le premier est bi-convexe, le second est bi-concave.

Georges. — Qu'est-ce qu'une chambre obscure?

Le Précepteur. — Une lentille et un écran, de même que notre œil. La nature nous représente les objets en grand, l'écran sur lequel une image se reproduit s'y peint en miniature, mais elle est fidèle, et les distances ne sont souvent plus des distances. Ainsi la lunette, disposée comme notre œil, vient ajouter, par un moyen factice, au moyen réel de perception dont nous sommes doués. Quelle délicatesse dans cet organe de la vue, que de jouissance il nous procure! Par lui tout vit et se colore de mille nuances variées, par lui nous étudions la nature dans son ensemble et dans ses détails; elle est si grande l'œuvre de Dieu, que nous ne la connaîtrons jamais tout entière! Quand nous passerions notre vie sur les mers, quand nous irions par-delà les nuages, les bornes de l'infini n'en seraient pas moins loin de nous. Et cependant, combien nous offre de sujets de méditations le plus étroit jardin du sol qui nous vit naître ! Où irions-nous pour mieux connaître Dieu, où pourrions-nous faire plus de bien ? Par la vue des sens, nous goûtons d'inénarrables jouissances; mais ces jouissances nous fussent-elles ôtées, il nous resterait encore la vue de l'intelligence, et ce serait assez si, en pratiquant sur la terre la charité, nous avions sans cesse répondu à la voix de nos frères pauvres ou affligés. Qui ne sait que souvent, aux yeux de la foi, les aveugles sont clairvoyants et les clairvoyants aveugles! Heureux celui que ses passions ont épargné ! nourri de saintes pensées, son compte est réglé d'avance, il ne doit rien au mal, et le bien lui doit beaucoup. Oh! puisse l'aveuglement moral n'être plus une maladie du siècle, et puissions-nous tous comprendre que le meilleur chrétien est celui qui, par ses bonnes œuvres, trouve grâce sur la terre comme dans le ciel!!

SOIXANTE-DIXIÈME ENTRETIEN.

Astronomie. — Aperçu de cette science.

Le Précepteur. — Les verres télescopiques nous conduisent tout naturellement à nous occuper de la science qui a pour objet particulier l'étude des astres. Ici nous remontons, en quelque sorte, de l'homme à Dieu pour planer dans les sphères élevées où se complaît dans son amour la Providence ; puissions-nous, pour parler de si grandes choses, ne pas rester au-dessous de notre sujet !

La cosmogonie céleste est l'œuvre de tout le passé, et, disons-le, l'ouvrier n'a pas encore suspendu ses travaux ; il y a dans l'espace des mondes qui finissent et des mondes qui commencent : nos fils en verront que nous n'avons point vus ; la matière des nébuleuses doit fournir à bien des corps à l'état d'embryon.

Georges. — L'astronomie comprend-elle uniquement l'étude des astres ?

Le Précepteur. — Elle aide à régler le calendrier, les saisons et les différents calculs particuliers à la marine ou aux géographes. Elle prévoit aussi les éclipses par les mouvements planétaires ; enfin, elle explique certains météores fort curieux. Dans les temps anciens, l'ambition fit de l'astronomie une arme à deux tranchants : les augures, à la vue d'une éclipse, décidaient du sort de deux armées prêtes à se livrer combat, et demandaient à la crédulité des sacrifices pour apaiser les dieux.

Louise. — Quels furent les premiers peuples qui s'occupèrent d'astronomie ?

Le Précepteur.—Les Égyptiens d'abord, et après eux les Chaldéens. Platon et Eudoxe recueillirent en Égypte les observations astronomiques dont ils dotèrent la Grèce vers l'an 370 avant l'ère vulgaire. Plusieurs constellations furent successivement baptisées de noms d'hommes ; de ce nombre sont Céphée et Cassiopée, d'origine éthiopienne. Habiles à se servir de tout pour abuser le peuple, les habitants des bords du Nil firent peu d'initiés ; les prêtres seuls avaient le monopole des oracles et gardaient pour eux, comme moyen de domination, tout ce que leur révélait la science.

Georges. — On ne put donc rien savoir de l'astronomie à cette époque?

Le Précepteur. — Du moins fort peu de chose ; et c'est chez les Babyloniens que le célèbre astronome Hipparque trouva les observations qui lui firent déterminer le mouvement de la lune.

Louise. — A quelle année remonte la découverte de la première éclipse?

Le Précepteur. — A l'an 721 de l'ère vulgaire ; elle fut observée à Babylone, d'où nous sont venus, par Ptolémée, plusieurs faits importants d'astronomie. Mais la plus remarquable époque astronomique de l'antiquité, est celle qui remonte à 300 ans avant notre ère, sous le règne des Ptolémée, rois d'Égypte.

En Grèce, Timocharis et Aristylle cultivèrent l'astronomie, et le premier, vers l'an 294 avant l'ère vulgaire, observa le passage de la lune sur l'étoile boréale. Le mouvement de la terre autour du soleil fut remarqué par Aristarque de Samos, qui vivait vers l'an 264 ans avant l'ère vulgaire. En 276, Erathosthènes observa, à Alexandrie, le temps de l'équinoxe à l'aide d'un grand cercle. Un siècle plus tard,

Hipparque se servit du même moyen pour mesurer la grandeur de la terre, et c'est à lui seul qu'il faut rapporter les véritables recherches astronomiques. La longueur de l'année, la marche des planètes, le mouvement bien déterminé de notre globe, remontent à cette époque. On dut aussi à Hipparque un catalogue, d'étoiles propre à déterminer plus tard les observations faites sur ces astres et le changement qui détermine la précession des équinoxes.

GEORGES. — Qu'est-ce que cette précession?

LE PRÉCEPTEUR. — Le mouvement que les étoiles font d'occident en orient, ou le temps que les signes du zodiaque, indices de la révolution annuelle du soleil, mettent à faire le tour du ciel, savoir vingt-cinq mille ans.

LOUISE. — Possédons-nous d'anciens ouvrages d'astronomie?

LE PRÉCEPTEUR. — L'*Almageste* de Ptolémée d'Alexandrie est le seul qui soit resté dans le domaine de la science; il remonte à l'an 127 de l'ère vulgaire. Depuis lors on ne trouve plus que les observations des Arabes faites en l'an 814, sous le calife Almamon ; en l'an 1437 un petit-fils du grand Tamerlan fit un catalogue d'étoiles encore estimé de nos jours.

Copernic parut en Prusse vers l'an 1472, et le premier il comprit que la terre tournait autour du soleil.

En 1530 son ouvrage de la révolution des corps célestes fut terminé : mais, chose étrange, il ne parut que treize ans plus tard, le jour même de la mort du célèbre astronome.

Cette réforme fut une véritable révolution scientifique ; il fallut, dès ce moment, tout changer pour se refaire un fonds de nouvelles idées. Tycho - Brahé et Kepler brillèrent ensuite; le premier, vers l'an 1560 de l'ère chrétienne, observa une éclipse de soleil et se consacra à l'étude d'une science qui lui paraissait si grande et si positive à la fois.

Kepler, par la force de ses inductions, par l'appui que lui offraient les découvertes de Tycho, devint un génie supérieur et trouva, dans le XVIe siècle, les lois des mouvements célestes.

Lorsque l'Académie française s'assembla pour la première fois le 22 décembre 1666, on vit siéger dans son sein plusieurs astronomes, et depuis, c'est sous l'inspiration de cet illustre corps que les progrès se sont accomplis.

Huygens, Picard, Cassini, Lalande et Lahire, reçurent de l'Académie la palme décernée à leurs nobles travaux. Cependant, un immense progrès restait à faire, Newton n'avait pas encore découvert la loi d'attraction sur laquelle tout l'univers repose ; ce ne fut qu'en 1687 qu'il publia le fruit de ses recherches et fixa, d'une manière invariable, la loi des harmonies générales dont la source se rapporte à l'Être infini, principe et fin de tant de merveilles.

Newton était profondément religieux ; sa foi vint en aide à sa science, et jamais, dans le champ des découvertes, nul ne vit avant lui tant de merveilles ! Une simple pomme tombée d'un arbre, changea, par un seul homme, le mouvement de l'univers : par une pomme Adam se perdit ; par une pomme, cinq mille ans plus tard, l'humanité connut la loi de son mouvement ; n'y a-t-il pas là un double symbole ?

Quoi qu'il en soit, admirons Newton, et, comme lui, reconnaissons que cette parfaite relation des astres entre eux est la plus haute expression de la puissance divine. Si un but providentiel ne subordonnait toutes choses, cet ordre ne serait-il pas bientôt troublé, ces mondes ne se chevaucheraient-ils pas mutuellement? Newton ne s'est point fait, de son mérite, une couronne de gloire, et quand, privé de la vue, il n'a plus pu contempler ces astres qu'il avait tant cherchés, il a religieusement accepté son sort, car il savait que :

« C'est au Seigneur qu'appartient la terre
» et tout ce qu'elle contient, toute la terre
» et tous ceux qui l'habitent. Car c'est lui
» qui l'a fondée au-dessus des mers, et
» établie au-dessus des fleuves.

» Qu'est-ce qui montera sur la montagne du Seigneur? Ou qui s'arrêtera dans
» son lieu saint?

» Ce sera celui dont les mains sont innocentes et le cœur pur, qui n'a point
» pris son ame en vain, ni fait un serment
» faux et trompeur à son prochain.

» C'est celui-là qui recevra du Seigneur

» la bénédiction et qui obtiendra miséri-
» corde du Dieu son sauveur.

» Telle est la race de ceux qui le cher-
» chent sincèrement, de ceux qui cher-
» chent à voir la face du Dieu de Jacob. »
(*Psaumes*, ch. XXIII, v. 1, 2, 3, 4, 5, 6.)

SOIXANTE-ONZIÈME ENTRETIEN.

Du cercle. — Du degré. — Des étoiles nébuleuses. —
Voie lactée.

LE PRÉCEPTEUR. — L'astronomie repose sur la mesure des angles ou degrés ; le cercle, dans toutes ses parties, est à la même distance du centre. On donne le nom de diamètre ou de rayon à la ligne qui va d'un point de la circonférence d'un cercle à un autre point. Le diamètre d'un cercle est donc la ligne qui le partage en deux parties égales.

LOUISE. — Comment divise-t-on un cercle astronomique ?

LE PRÉCEPTEUR. — En 360 degrés ; mais il suffit d'un quart de cercle pour mesurer tout le système planétaire.

Le quart de cercle est de   90   degrés.
La moitié de........... 180
Les trois quarts de.... 270

GEORGES. — Qu'est-ce qu'un angle ou degré ?

LE PRÉCEPTEUR. — La mesure à l'aide de laquelle se font toutes les observations astronomiques. Décrire un cercle, en partager le tour en parties égales, c'est déterminer les degrés. Un arc de quarante-cinq degrés est l'inclinaison des deux lignes qui le comprennent. Ainsi on réduit un espace de plusieurs millions de lieues au plan d'une petite circonférence, qui donne les minutes et les secondes des plus grands parcours. Une minute est la soixantième partie d'un degré ; on la subdivise en secondes. L'angle d'une minute aboutit aux premiers degrés d'un cercle.

LOUISE. — N'a-t-on que l'arc de cercle pour mesurer le parcours et la distance des astres ?

LE PRÉCEPTEUR. — On se sert d'une pinnule, petite plaque de cuivre élevée perpendiculairement à chaque extrémité d'une alidade et percée d'une petite fente pour laisser passer les rayons lumineux ou les rayons visuels. On donne le nom de repère à la partie de la pinnule la plus éloignée de la fente unique où l'œil s'applique pour réduire les objets. L'alidade est une règle mobile que l'on fait tourner à volonté pour changer la direction de la pinnule.

Georges. — De combien de secondes se compose un degré ?

Le Précepteur. — Environ de quatre mille. Pour mesurer la circonférence ou le rayon, il faut entrer dans le problème de la quadrature du cercle. La limite d'une étoile est le point où on la retrouve dans le ciel.

Louise. — Qu'appelle-t-on mouvement diurne ?

Le Précepteur. — Celui que la voûte étoilée accomplit chaque jour autour des deux pôles ou de l'axe du monde. L'étoile polaire, dont on n'aperçoit pour ainsi dire pas le mouvement, est celle autour de laquelle semble s'opérer cette révolution quotidienne.

Georges. — Comment la reconnaît-on ?

Le Précepteur. — En cherchant dans le ciel l'étoile qui correspond directement aux deux dernières de la queue de la grande Ourse.

Louise. — Cette direction ne change-t-elle jamais ?

Le Précepteur. — Elle se trouve à droite en été, à gauche en hiver, en haut en automne, en bas au printemps. Les astres, rapprochés de l'étoile polaire, décrivent de petits cercles ; ceux qui sont placés à de plus grandes distances en décrivent de grands.

Georges. — D'où les étoiles tirent-elles leur lumière ?

Le Précepteur. — D'elles-mêmes ; leur mouvement se fait tout d'une pièce, d'orient en occident. Les anciens avaient pensé que ces corps tenaient, comme des lumignons, à une voûte solide appuyée quelque part.

Louise. — Quel moyen emploie-t-on pour suivre une étoile dans le ciel ?

Le Précepteur. — Il faut connaître son méridien ou le plan qui partage la courbe métrique en deux parties égales.

Georges. — A l'aide de quel agent peut-on suivre leur inclinaison ?

Le Précepteur. — En rattachant des points formant le cercle, on trouve la courbe qu'elles ont parcourue.

Georges. — Comment détermine-t-on le méridien d'une étoile ?

Le Précepteur. — En prenant le milieu des deux points extrêmes de son coucher et de son lever.

Louise. — Ces astres variant de couleur, que doit-on en conclure ?

Le Précepteur. — Qu'ils ne sont ni de même grandeur ni à la même distance; tous cependant passent à l'axe du monde, ou ligne qui renferme le plan du méridien. Baillère, en l'an 1603, donna le nom des lettres de l'alphabet grec aux étoiles de différentes grandeurs pour les distinguer. Alpha (α) désignait les plus grandes; bêta (ε) celles du second ordre ; gamma (γ) celles du troisième ordre ; delta (δ) désignait les plus petites.

Toutefois, cette classification a subi des changements notables. Ainsi, l'étoile du Dragon, qui était alors du second ordre, appartient au quatrième aujourd'hui.

Georges. — Qu'est-ce qu'une constellation ?

Le Précepteur. — L'ensemble des étoiles contenues dans une figure de convention, comme Orion, la Lyre, etc. Les anciens avaient quarante-huit constellations, aujourd'hui on en connaît cent huit.

Louise. — Y a-t-il dans le ciel un grand nombre d'étoiles ?

Le Précepteur. — Herschell en compte plus de quatre-vingt mille visibles à son télescope ; mais combien est plus grand encore le nombre que la Providence tient au-delà de notre portée ! Tycho, en 1572, et Kepler, en 1604, constatèrent la disparition de cent quarante-quatre étoiles et l'apparition de quelques autres.

Georges. — Quelle conséquence tire-t-on de ces faits ?

Le Précepteur. — Que certains astres se forment et tirent leur essence de la nébulosité répandue dans l'espace, tandis que d'autres sont éclipsés par des corps opaques, ou peut-être même s'éteignent tout-à-fait.

Louise. — D'où vient la scintillation des étoiles ?

Le Précepteur. — Des propriétés de la lumière, et l'on peut dire qu'elle est un changement continuel d'intensité et de couleur.

Louise. — Qu'est-ce que les nébuleuses ?

Le Précepteur. — Des amas d'étoiles

moins brillantes que les autres, et qu'on aperçoit à l'œil nu à l'état de vapeur,

Herschell découvrit, à l'aide de son excellent télescope, certaines étoiles entourées d'une nébulosité qui semblait leur être une atmosphère particulière ; ce qu'il y a de certain, c'est que cette matière diffuse suivait les étoiles dans leurs divers déplacements.

GEORGES. — La lumière de ces astres est-elle longtemps à arriver jusqu'à nous ?

LE PRÉCEPTEUR. — On a déterminé la distance d'une nébuleuse à la terre, et l'on a trouvé que sa lumière devait mettre trois ans à nous parvenir, tandis que celle d'autres corps était mille ans avant de nous être connue.

Indépendamment de ces étoiles, ayant un centre lumineux et une grande atmosphère, il y en a d'autres appelées planétaires, parce qu'elles marchent comme les planètes.

GEORGES. — Combien compte-t-on d'étoiles à l'œil nu ?

LE PRÉCEPTEUR. — Environ cinq mille ; mais le dernier catalogue de l'Observatoire de Paris en contient soixante-dix mille.

LOUISE.—N'y a-t-il pas des étoiles doubles?

Le Précepteur.—On désigne ainsi celles qui nous montrent deux soleils de couleur différente, tournant l'un autour de l'autre.

Georges. — Qu'est-ce que la voie lactée?

Le Précepteur. — Une matière diffuse répandue dans l'espace, et formant un des grands cercles de la sphère ; les anciens la considéraient comme une soudure de la voûte étoilée. Lambert, Kent, et M. Arago, ont pensé que, par sa forme sphérique, la voie lactée nous donnait les dernières limites de l'infini, et Herschell lui-même a dit : « Je m'en vais sonder la voie lactée. » Là s'est arrêtée cependant la puissance de son miroir, si bien qu'il lui est plus resté à connaître qu'il n'avait connu jusqu'alors ; car plus l'homme avance dans la science, plus il sent qu'il est loin de Dieu ! Les corps célestes et la nature obéissent à la loi d'attraction ; nous qui voyons comment tout s'enchaîne, pourquoi sommes-nous une exception à la règle générale? Les individus s'unissent pour former la famille ; les sexes recherchent d'autres sexes ; l'humanité ne se recherchera-t-elle jamais jusqu'à n'avoir plus qu'une vie commune dans des rapports de peuple à peuple?

Il y a dix-huit cents ans que le fils de Dieu vint apporter lui-même à la terre les paroles du ciel ! L'ignorance alors allait tête levée. Jéhovah menaçait les peuples de sa voix puissante, le Christianisme les releva par des paroles d'amour : il le fallait voir à l'œuvre pour y croire ! Son flambeau devait délivrer le monde ; l'amour et la grâce, nés de cette loi sainte, constituèrent la foi nouvelle. Le juste des justes pleura sur nos fautes, et les racheta par un divin sacrifice. Il apportait au monde, par une merveilleuse révélation, la foi, l'espérance et la charité ; en retour de tant de biens, le monde le crucifia ! On le crucifia, et pour le présent comme pour l'avenir de l'humanité, cette mort fut un symbole de grâce.

Je ne sais où sera ma place, mais parce que mon Seigneur est venu sur la terre, pour de là remonter au ciel, de même aussi j'aurai mon jour et mon heure de résurrection ! De ces mondes où vivent d'autres êtres, de ces globes soumis aux mêmes lois physiques, des ames s'élanceront comme la mienne au sein du Dieu commun, source de l'éternelle harmonie ! Amour qui unit l'homme à l'homme, force sociale, but et fin de l'humanité. Amour que l'esprit va puiser au-delà des limites de ce globe, si tu n'es que le lien commun des mondes entre eux, fais-nous sentir si bien ta puissance, que nous aimions Dieu moins par les œuvres que voyent nos sens, que par celles où s'élèvent en contemplation nos ames!

SOIXANTE-DOUZIÈME ENTRETIEN.

Du soleil. — Son mouvement.

Le Précepteur. — L'astre qui, par son action sur notre globe, mérite un intérêt particulier, c'est le soleil, source de tant de phénomènes terrestres!

Georges. — Comment le considère-t-on?

Le Précepteur. — On pense qu'il appartient à l'ordre des nébuleuses irrégulières.

Louise. — Ainsi, il ne serait qu'une étoile d'ordre inférieur?

Le Précepteur. — On le croit de troisième ou quatrième ordre seulement.

Georges. — Mais les taches qu'on y remarque?

Le Précepteur. — Plusieurs nébuleuses offrent des particularités analogues ; entre bêta et gamma de la Lyre, on remarque une étoile ayant un grand vide au milieu ; d'autres ressemblent à l'anneau de Saturne ; certaines sont réunies par un amas lumineux, et laissent apercevoir des points obscurs ; on ne peut s'empêcher de supposer, pour ces dernières, que la plus forte ne doive nécessairement finir par entraîner la plus faible.

Louise. — Le soleil est-il un corps lumineux ?

Le Précepteur. — Il nous apparaît semblable à un globe de feu ; mais produit-il cette lumière ? C'est ce que n'osent affirmer les plus grands astronomes. La sphère étoilée le fait participer au mouvement général ; cependant sa marche varie sans cesse, tandis que celle des étoiles est invariable.

Georges. — Cet astre pourrait-il nous envoyer de la chaleur sans la contenir ?

Le Précepteur. — Il serait possible qu'il la produisît en ébranlant le fluide lumineux répandu dans l'espace ; toutefois, il paraît plus probable de croire à l'émission de sa lumière propre. Par son mouvement annuel, le soleil passe successivement dans les différentes constellations, et les éclaire ou les rend invisibles.

Louise. — Peut-on suivre le cours du soleil et mesurer son disque?

Le Précepteur. — On sait que ce globe monte, depuis son lever jusqu'à son passage au méridien, où il semble un instant stationnaire. En prenant alors le bord supérieur et le bord inférieur de son disque, on peut le mesurer exactement.

Pendant six mois le soleil paraît régulier au-dessus de l'équateur; pendant six autres mois, il paraît régulier au-dessous; on a sa mesure exacte en le suivant jusqu'à son arrivée à l'équateur.

Georges. — Comment mesure-t-on le soleil?

Le Précepteur. — A l'aide d'un cercle mural, qui a remplacé pour les modernes le gnomon des anciens. Les différents points de la révolution apparente et journalière de cet astre, forment les époques de notre division des temps.

Louise. — Quelle distance parcourt en vingt-quatre heures le soleil?

Le Précepteur. — Environ un degré;

un jour est l'espace qu'il lui faut pour revenir au méridien ; c'est un peu plus que la révolution de la terre sur son axe.

Georges. — Le mouvement annuel du soleil est-il comme son mouvement diurne, d'occident en orient ?

Le Précepteur. — Il parcourt toutes les régions du ciel, en marchant vers le levant, tandis que la terre tourne sans cesse devant lui ; il résulte de ces faits que le mouvement réel de cet astre s'opère en sens contraire de son mouvement journalier apparent.

Georges. — Le cours du soleil est-il régulier ?

Le Précepteur. — Dans un temps égal, il ne se déplace pas de quantités égales ; par exemple, s'il passe aujourd'hui au méridien avec une étoile, demain il y arrivera trois minutes plus tard qu'elle.

Louise. — Comment divise-t-on les jours ?

Le Précepteur. — En sidéraux et solaires ; les premiers suivent l'ordre stellaire et indiquent le temps de la révolution de la terre d'un point de son orbite au même point ; les seconds règlent leur marche sur celle du soleil. Les jours sidéraux sont réguliers; les jours solaires, d'après lesquels nous nous réglons, sont irréguliers.

Georges. — Quel est le temps nécessaire à la révolution solaire?

Le Précepteur. — Une année, c'est-à-dire trois cent soixante-cinq jours cinq heures quarante-huit minutes quarante-cinq secondes.

Louise. — Qu'appelle-t-on équinoxe?

Le Précepteur. — Les points par lesquels le soleil coupe l'équateur en deux. Les jours équinoxiaux sont égaux aux nuits par toute la terre; l'astre qui nous éclaire semble alors se mouvoir d'une manière à peu près égale pendant deux ou trois jours. Les deux autres points par lesquels la courbe du soleil s'éloigne le plus des équinoxes, sont appelés points solsticiaux, le soleil paraissant s'y arrêter sans se rapprocher ou s'éloigner de l'équateur. Le solstice est le temps où le soleil est dans son plus grand éloignement de l'équateur.

Georges. — Quels sont les principaux cercles de la sphère?

Le Précepteur.—Le méridien, qui porte

les pôles, et qui entre perpendiculairement dans l'horizon ; l'équateur, qui partage le globe en deux parties égales , et se divise en 360 degrés ; l'écliptique, ligne ou cercle qui coupe obliquement l'équateur.

GEORGES.—D'où vient le nom d'écliptique?

LE PRÉCEPTEUR. — Des éclipses que d'autres astres produisent sur le soleil, en le rencontrant sur ce cercle ou très-près de lui. Quatre points partagent en parties égales la circonférence de l'écliptique; c'est ce qui fixe les saisons.

LOUISE. — Qu'appelle-t-on signes du zodiaque ?

LE PRÉCEPTEUR. — Les douze parties égales qui divisent l'écliptique ou cercle solaire ; elles contiennent chacune trente degrés. La circonférence de ce cercle se divise en quatre points principaux , subdivisés eux-mêmes en trois parties.

GEORGES. — Qu'est-ce que les nœuds de l'écliptique ?

LE PRÉCEPTEUR.— Les points où ce cercle rencontre l'équateur ; c'est ce qu'on appelle points équinoxiaux.

LOUISE.— Les nœuds de l'écliptique changent-ils de place dans le ciel?

Le Précepteur. — Ils s'avancent continuellement d'orient en occident par un mouvement rétrograde de 50″ par année ou de 1° 23′ 10″ par siècle.

Georges. — Où commence l'année équinoxiale?

Le Précepteur. — A l'équinoxe du printemps. L'année sidérale est le temps qu'il faut au soleil pour achever une révolution dans l'écliptique, ou pour revenir à la même étoile qu'il avait quittée.

En examinant le soleil on s'explique comment les hommes, avant la religion révélée, ont pu adorer cet astre et lui rendre les honneurs divins.

L'ignorance ne comprend que les choses sensibles. Partout où Dieu s'était fait sentir sans se montrer, le soleil avait ses temples et ses prêtres; on l'adorait sous le nom de Dieu de la lumière, et l'ingénieuse allégorie qui représentait Apollon conduisant un char dans l'espace, n'était qu'une figure poétique du mouvement diurne de cet astre. Dieu fit l'homme à son image; l'homme, par inspiration, donna ses traits à ce qu'il appelait un Dieu: la face du soleil eut une figure humaine! Derrière ce mythe symbolique, l'Éternel cachait sa puissance, comme se cache souvent le bienfaiteur derrière le bienfait ! L'Éternel est grand, qu'a-t-il besoin qu'on le loue ? Le soleil est une manifestation de sa haute puissance, un ministre de sa volonté : honorer le ministre, c'est encore honorer le roi de qui la puissance procède !

L'Éternel s'est manifesté sous toutes les formes, chacun de ses agents le révèle ; l'homme n'a qu'à vouloir le comprendre : Dieu est partout !

FIN DU TROISIÈME VOLUME.

TABLE DES MATIÈRES

CONTENUES DANS LE TROISIÈME VOLUME.

46. L'homme.   1
47. La jeunesse, l'âge mûr, la vieillesse.   7
48. Être physique. — Squelette humain.   12
49. Organes internes.   21
50. Homme physique. — Organes de la digestion. — Différences entre les races.   30
51. Des sensations et du mouvement.   38
52. Facultés de l'ame.   47
53. But de l'homme sur la terre.   54
54. Du sommeil — Des sons.   58
55. Phénomènes généraux de la nature.   62
56. Thermomètre.   70
57. Corps pondérables. — Élément comburant. — Hydrogène.   77
58. Phosphore, soufre, azote, oxygène.   84
59. Charbon, acides, sels, verre, vin, bière, savon.   89
60. Mer. — Océan. — Flux et reflux. — Cours des fleuves. — Sources des mers — Glaces des pôles. — Neiges.   95
61. Des ballons.   103

62. Nuages. — Pluie. — Gelée blanche. — Givre.
    — Neige. 110
63. La vapeur. 114
64. Les vents. 122
65. Trombes. — Aérolithes. 128
66. De quelques lois générales de la physique. —
    Causes du froid et de la chaleur. — Baromètre. 134
67. Du vide. 143
68. Pile voltaïque. — Magnétisme. 150
69. Acoustique. — Optique. — Télescope. — Phare 157
70. Astronomie. — Aperçu de cette science. 165
71. Du cercle. — Du degré. — Des étoiles nébuleu-
    ses. — Voie lactée. 172
72. Du soleil. — Son mouvement. 181

FIN DE LA TABLE.